机械活化在强化有色金属钛、锌提取中的应用研究

朱山 ◎ 著

中南大学出版社
www.csupress.com.cn

·长沙·

作者简介

朱山，男，汉族，六盘水师范学院副教授，1989年4月出生于重庆市奉节县。2012年本科毕业于四川大学化学工程学院冶金工程专业，2017年12月博士(直博)毕业于中南大学化学化工学院冶金物理化学专业，获得冶金物理化学博士学位。曾参与国家重点基础研究发展计划973项目(项目编号：2014CB643401)，战略有色金属非传统资源清洁高效提取的基础研究和国家自然基金重点项目(项目编号：51134007)，结构分析方法在湿法冶金物理化学中的新应用；主持完成了中南大学研究生自主探索创新项目(项目编号：2013zzts015)，多种萃取剂对氨性体系中铜、锌、镍萃取热力学研究。博士研究生期间发表了8篇学术论文，其中以第一作者发表SCI学术论文6篇，并申请发明专利1项。2018年参加工作以来发表10篇SCI论文，其中SCI收录3篇，中文核心1篇，教改论文1篇；出版学术专著《酸性溶液中铜镍钴的协同萃取机制研究》《FactSage在冶金工程实验教学及科学研究中的应用》2部，申请国家专利20余项，其中授权发明专利5项，实用新型专利1项，获批贵州省科技厅项目机械活化后钒钛磁铁矿冶炼渣结构与性质变化规律的基础研究(项目编号：黔科合基础〔2019〕1292号)、贵州省教学内容和课程体系改革项目FactSage在冶金工程实验教学中的应用(项目编号：2019151)、贵州省教育厅自然科学研究重点领域项目基于溶剂萃取的PIM膜应用于冶金"固废"资源化的基础研究(项目编号：黔教合KY字〔2020〕049)、六盘水市冶金固废资源化及环境保护科技创新团队(项目编号：52020-2019-05-08)和六盘水师范学院校级基金项目新型PIM膜的设计、合成及其应用(项目编号：LPSSYKYJJ201809)各1项，主持六盘水市科技创新团队1项，指导学生申报并立项国家级大学生创新创业项目2项，贵州省大学生创新训练项目和六盘水师范学院大学生科研项目各1项。

前　言

　　钛是一种稀有金属，密度小、强度高、具金属光泽，亦有良好的抗腐蚀能力。钛及钛合金是极其重要的轻质结构材料，在航空、航天、车辆工程、生物医学工程等领域具有非常重要的应用价值和广阔的应用前景。而钛的氧化物（TiO_2，钛白粉）广泛应用于涂料、塑料、油墨、造纸、化妆品、化纤、电子、陶瓷、搪瓷、焊条、合金、玻璃以及许多化学反应的催化剂等领域，且其作为原料的需求在逐年增加。因此，二氧化钛及钛系化合物作为精细化工产品，有着很高的附加价值，前景十分诱人。

　　钒钛磁铁矿作为主要的钛矿资源，蕴藏着大量的钛资源。目前各类冶炼工艺均无法实现钒钛磁铁矿中铁、钒、钛的同时回收利用，其冶炼过程中均产生大量的高钛冶炼渣，该部分冶炼渣现已堆积如山，这不仅造成了巨大的资源浪费，也威胁着环境。因此，综合开发利用钒钛磁铁矿冶炼过程中所产生的冶炼渣中的钛资源，对国民经济的可持续发展和国防建设具有重要意义。

　　目前，钒钛磁铁矿资源开发利用工艺主要分为高炉法和非高炉法。

　　高炉–转炉法因具有技术完善、生产量大、能量利用率高、设备寿命长等优点，获得了工业应用，但其也存在大量缺点，如工艺复杂、流程长、能耗高、投资大、依赖焦煤资源、环境污染严重，加之目前世界焦煤资源日益匮乏，在量与质上都难满足高炉炼铁需要，且该方法仅能提取其中的铁和钒，始终未能解决当高炉渣中 TiO_2 含量大于10%后变黏的问题，且限于技术和经济等方面的原因，高炉渣中 TiO_2 无法回收。TiO_2 含量大于10%的高炉渣如用于生产建筑材料，往往影响建筑材料的性能。

　　从环境、能源及有价元素综合回收角度来看，预还原–电炉法、还原–磨选法、钠化提钒–还原–电炉法等非高炉法代表了钒钛磁铁精矿加工利用的方向，因而也成为了钒钛磁铁精矿加工利用的研究热点。在上述非高炉法中，国内外学者目前研究较多的主要是先铁后钒的预还原-电炉法和还原-磨选法。与先钒后铁的钠化提钒-还原-电炉法和铁钒钛同时提取的还原-磨选法相比，先铁后钒的预还原-电炉法和还原-磨选法只需要解决钒钛磁铁精矿直接还原和电炉冶炼等技术问题，而先钒后铁的钠化提钒-还原-电炉法还需解决因钠化提钒后球团还原过程粉化严重技术难题，铁钒钛同时提取的还原-磨选法则因钒酸钠的生成条件极为苛刻，工业化应用难度更大。目前，在直接还原技术方面，世界普通铁矿直接还原厂已建厂投产并稳定运行多年；电炉冶炼技术方面，钒钛磁铁矿精矿电炉冶炼高钛渣技术也已实现工业化应用。因此，开展先铁后钒的预还原-电炉法和还原-磨选法研究，有可能突破钒钛磁铁矿资源的综合利用难题。南非、新西兰、俄罗斯、加拿大等国对电炉熔分流程和电炉深还原流程进行过详细研究，由于存在着炉渣中 TiO_2 含量大于30%后，电炉熔炼同样存在操作难度大的问题。南非和新西兰根据本国的资源和能源条件，将电炉深还原流程应用于工业生产，回收铁和钒，所得钛渣 TiO_2 品位在30%左右，目前这部分钛渣也未能利用。对于电炉熔分的研究发现，钒的走向控制较困难，为保证钒进入渣相，要求电炉熔分时，必须正确配碳，合理调整电炉供电功率，控制加料速度，准确掌握冶炼终点和及时出渣、出铁，若操作不当，易产生泡沫渣现象，操作难度极大。对于电炉深还原流程，当炉渣中 TiO_2 含量大于30%后，炉渣将变得黏滞，冶炼过程无法进行。还原-磨选法避开了电炉冶炼技术的难题，但须解决钒钛磁铁精矿的还原及铁晶粒长大等技术难题。哪一种方法能够成为钒钛磁铁精矿加工利用的主导流程还有待进一步系统深入的比较研究。

综上所述，钒钛磁铁矿现有冶炼工艺均无法实现矿物资源中钛、铁、钒等有价金属的综合回收利用。因此，实现含钛高炉渣中钒、钛的综合利用，对国民经济可持续发展和国防建设具有重要意义，也将为冶金"固废"资源化研究奠定理论基础。

机械活化的本质是机械力对物质结构的影响，不同设备产生的机械力所起的活化效果不同。由于机械活化使矿物颗粒细化、晶格畸变及表面活性增大，因此，机械活化是提高矿物反应活性的有效手段。

基于以上的分析，在本书中我们提出将机械活化应用于钒钛磁铁矿冶炼渣中钛资源回收制备钛白粉的强化过程，即将滚筒球磨、行星球磨或搅拌球磨等设备用于钒钛磁铁矿冶炼渣预处理，比较活化前、后钒钛磁铁矿冶炼渣的物质结构、物理性能的变化及浸出活性的差异和浸出动力学，探讨机械力的类型与活化效果以及活化效果与浸出效果之间的关系；系统研究不同活化气氛、不同活化时间后所得的钒钛磁铁矿冶炼渣的浸出性质，探讨机械活化前、后钒钛磁铁矿冶炼渣的浸出性质与结构变化的关系；充分利用现代测试方法（如 XRD、SEM 等），系统研究经不同活化气氛和不同活化时间后所得钒钛磁铁矿冶炼渣的结构变化，找出钒钛磁铁矿机械活化的结构变化规律，并探讨机械活化的机理。

　　本书中的研究不仅可以实现钒钛磁铁矿冶炼渣固废的资源化，还能解决钒钛磁铁矿冶炼过程中产生的高钛冶炼渣大量堆存所带来的环境威胁问题。同时本书还探讨了机械活化前、后钒钛磁铁矿冶炼渣的浸出性质与结构变化的关系，找出了钒钛磁铁矿冶炼渣机械活化的结构变化规律，为机械活化技术强化钒钛磁铁矿冶炼渣中钛资源回收制备钛白粉的工艺的应用提供了理论依据，促进了该工艺的应用和推广。同时，作者研究团队还将机械活化用于强化新窑渣中锌等有价金属提取，结果表明，机械活化后新窑渣中的锌的提取率显著提高，本书对后续浸出液锌的萃取反萃工艺也进行了优化。

朱山

2022 年 6 月

目　录

第 1 章

机械活化强化冶炼渣中钒钛提取的工艺研究

　　钛是重要的基础工业原料，是国家发展尤其是国防现代化的必需品。然而，资源的短缺已经严重影响了钛冶金工业的可持续发展，提高含钛资源的利用效率是钛冶金工业的重要发展趋势。钒钛磁铁矿是我国重要的钛资源，所以，综合开发利用钒钛磁铁矿冶炼过程中产生的高炉渣中的钛资源，对国民经济的可持续发展、国防建设起着至关重要的作用。因此，本章采用机械活化对钒钛磁铁矿高炉渣进行预处理，结合 XRD、BET、激光粒度分析、SEM 等分析检测技术，根据机械活化前、后钒钛磁铁矿冶炼渣的晶胞体积、晶格畸变率、粒度分布、比表面积等物理化学性质变化，获得最佳的钒钛磁铁矿冶炼渣机械活化工艺条件，即球料比为 20∶1、活化时间为 170 min、球磨转速为 400 r/min，并根据机械活化前、后钒钛磁铁矿冶炼渣的物理化学性质差异，我们认为，机械活化可以提高钒钛磁铁矿冶炼渣比表面积、破坏含钛组分的晶格、提高矿物晶格畸变率、细化矿物颗粒，从而提升钒钛磁铁矿冶炼渣中钛的反应性能，提高有价金属的综合回收率，为钒钛磁铁矿高炉渣的综合利用奠定理论和实验基础。

1.1 绪论

1.1.1 钒钛磁铁矿的介绍

钒钛磁铁矿主要由钒、钛、铁等元素构成，是铬、镍、钴、铜、钪、硒、镓、铂族等各种微量元素的共生铁矿。这是由于钒钛磁铁矿中的铁和钛紧密结合在一起、钒以类质同象的形态赋存在铁矿资源当中而得名[1]。

在大自然中，钒钛磁铁矿是一类以基性、超基性岩为主的矿石，主要是钛磁铁矿和钛铁矿，另外尚有少量的磁铁矿、赤铁矿和硫化物等。钛铁晶石、镁铝尖晶石和钛铁矿等，都是钛磁铁矿的固溶体，但随着区域改变，会形成钛铁矿和磁铁矿。通常，钒钛磁铁矿中 TiO_2 的质量分数为 $1\% \sim 15\%$，V_2O_5 的质量分数为 $0.1\% \sim 2\%$[2]。

钒钛磁铁矿资源在世界范围内十分丰富，而按照目前所报告的统计数据，上述各国的钒钛磁铁矿总储量已超过了 400 亿 t，而我国保有的钒钛磁铁矿量位居非洲国家和俄罗斯之后，也是全球第三大的钒钛磁铁矿资源国[3]。攀枝花地区蕴藏大量钒钛磁铁矿，已经探明的储量近百亿吨，V_2O_5 储量为 1578 万 t，约占全国总储量的二分之一，约占世界总储量的十分之一。除攀西地区外，河北承德、安徽马鞍山等地也含有大量的钒钛磁铁矿。2007 年，承德地区超贫钒钛磁铁矿的开发总投资约 4300 万元，经过一年多的时间，目前确定的 16 个地区的结果显示，其预计储量已达到 25 亿 t[4]。

1.1.2 钒钛磁铁矿资源的分布概况

国外的钒钛磁铁矿资源主要来自南非、俄罗斯、美国等地（表 1.1），目前可利用量超过 400 亿 t[5]。我国含钛资源主要分布在四川攀枝花、河北承德、陕西汉中等地，现今可用储量达 180 多亿 t。其中，仅攀西地区钒钛磁铁矿资源储量就超过了 100 亿 t，而且分布均匀，是我国最丰富的钒钛磁铁矿产地。我国北方钒钛磁铁矿基地是河北承德地区，其钒钛磁铁矿储量列于攀西地区之后，位居全国第二位[6]。

钒钛磁铁矿的综合利用始于 20 世纪，为了满足当时对钒和钛的需求，苏联、芬兰、挪威和加拿大等国开展了钒钛磁铁矿的分离与冶炼研究，从而开始了世界钒钛磁铁矿的综合利用[7]。据国外研究，钒钛磁铁矿的综合利用主要是针对矿石分选和分选产品的加工利用。

表 1.1　世界主要钒钛磁铁矿矿床及其储量分布

国家	矿区	储量/万 t	$w(TFe)/\%$	$w(V_2O_5)/\%$	$w(TiO_2)/\%$
中国	攀枝花矿区	107892.0	16.7~43.0	0.16~0.44	7.76~16.7
	白马矿区	120334.0	17.2~34.4	0.13~0.15	3.9~8.2
	红格矿区	35451.0	16.2~38.4	0.14~0.56	7.6~14.0
	太和矿区	75120.0	16.6~18.1	0.16~0.42	7.7~17.0
俄罗斯	卡奇卡纳尔	621900.0	16.0~20.0	0.13~0.14	1.24~1.28
	古谢沃尔	350000.0	16.6	0.13	1.23
	第一乌拉尔	233260.0	14.0~38.1	0.19	2.30
	普道日戈尔	—	28.8	0.36~0.45	8.00
南非	塞库库纳兰	41935.0	—	1.73	—
	芝瓦考	44636.0		1.69	
	马波奇	54573.0	53.0~57.0	1.40~1.70	12.0~15.0
	斯托夫贝格	4219.0	—	1.52	—
	吕斯腾堡	22327.0		2.05	
	诺瑟姆	19722.0		1.80	
美国	阿拉斯加州	100000.0	—	0.02~0.2	
	纽约州	200000.0	34.0	0.45	18.0~20.0
加拿大	马格皮	100000.0	46.30	0.40	12.0
	阿莱德湖	15000.0	36.0~40.0	0.27~0.35	34.30
芬兰	奥坦梅德	35000.0	35.0~40.0	0.38	13.0
	木斯塔瓦拉	3800.0	17.0	1.60	4.0~8.0
挪威	罗德桑	1000.00	30.0	0.31	4.0
瑞典	塔别尔格	15000.0	—	0.70	—

续表1.1

国家	矿区	储量/万 t	$w(\text{TFe})/\%$	$w(\text{V}_2\text{O}_5)/\%$	$w(\text{TiO}_2)/\%$
	巴拉矿	1500.0	35.0~40.0	0.45	13.0
澳大利亚	巴拉姆比矿	40000.0	26.0	0.70	15
	科茨矿	—	25.40	0.54	5.40
新西兰	北岛西海岸	65400.00	18.0~20.0	0.14	4.33

注：w 为质量分数。

1.1.3 钒钛磁铁矿精矿的综合利用

国内外学者对钒钛磁铁矿精矿的研究已有较大的进展。我国钒钛磁铁矿精矿的处理方法有高炉法和非高炉法两种，其中，非高炉法以预还原-电炉法、还原-磨选法、钠化提钒-还原-电炉法等工艺为主[7]。

1.1.3.1 高炉法

我国最早研究的用于处理钒钛磁铁矿精矿且处理技术最为成熟的方法为高炉法。其基本流程如图 1.1[1] 所示。

图 1.1 钒钛磁铁矿精矿高炉法冶炼工艺

该方法首先制取钒钛磁铁矿块，然后采用高炉法冶炼提铁，将矿石中的钒氧化物选择性还原生成含钒铁水，钛以二氧化钛形式进入炉渣中。含钒铁水经过转炉吹炼得到半钢和钒渣，半钢则通过转炉炼钢得到钢渣和钢水，钒渣经湿法工艺回收 V_2O_5[7]。

高炉法冶炼钒钛磁铁矿时要保证渣中 TiO_2 质量分数小于 15%，否则会导致高炉炉缸堆积并形成恶化渣铁的澄清分离条件，以至于生铁含硫量高、焦比高，从而降低生产效率。影响高炉法冶炼钒钛磁铁矿性能的因素包括炉料布料与煤气流分布、炉温控制、高炉鼓风富氧、炉渣中 FeO 和 MgO 的含量、炉渣碱度等。可通过提高入炉炉料中 MnO 含量和高炉添加萤石（CaF_2）等措施来提高钒钛磁铁矿高炉冶炼性能[8]。

针对高炉冶炼钒钛磁铁矿精矿的研究，取得了较好的提取效果，但缺点是 TiO_2 质量分数超过 10% 时炉渣黏度会显著增大[1]。我国传统的高炉-转炉法只能冶炼钒和铁，而不能同时提取其中的钛，这种方法还存在许多的问题，如流程长、能源消耗高、投资大、污染环境等[9]。

由于高炉炉渣中二氧化钛的质量分数为 20%~25%，因此用高炉冶炼含钒钛磁铁矿十分困难。高炉冶炼技术的长期发展和不断改进，形成了高炉强化冶炼钒钛磁铁矿的特殊工艺并逐步优化。随着选矿技术水平和设备水平的提高，冶炼强度也逐渐提高，综合冶炼强度高达 1.45 t/($m^3 \cdot d$)。高炉的技术经济指标也显著提高。尽管炉料品位只有 50% 左右，但最高利用系数超过 2.7 t/($m^3 \cdot d$)[10]。

1.1.3.2　非高炉法

预还原-电炉法和还原-磨选法根据元素提取的先后顺序，主要分为先铁后钒、先钒后铁以及钛、铁、钒的综合提取等工艺流程[1]。

预还原-电炉法是将钒钛磁铁矿和煤粉按一定比例混合、造球，然后通过回转窑、隧道窑、转底炉等对含碳球团进行预还原以获得金属化球团，最后将金属化球团在电炉中进一步加热熔炼，通过渣铁分离得到富钛炉渣和含钒铁水的过程。预还原-电炉法具有流程短、生产效率高、环境友好等优点，和高炉法相比，预还原-电炉法的还原以及加热过程是需要分开的，这使得预还原-电炉法的冶炼难度降低[7]。

俄罗斯、南非、新西兰等国家对预还原-电炉法进行过详细研究，结果表明高炉渣中 TiO_2 质量分数高于 30% 后会增大炉渣的黏度，降低其冶炼性能，增加能耗和成本，从而无法经济有效地提取其中的有价成分。预还原-电炉法只在新西兰、南非等国家有工业应用，用于回收钒钛磁铁矿中的钒和铁，而炉渣中 TiO_2 的质量分数仍然为 30% 以上，因此未能实现钛资源的有效利用[1, 11]。

大量的实验研究表明，使用"回转炉直接还原-深还原电弧炉-从钒渣中提钒-从钛渣中提钛"的工艺处理钒钛磁铁矿时，铁、钒、钛的回收率依次为

90.77%、43.82%和72.65%。在实验室进行的研究实验和工业应用表明，该技术提高了钒钛磁铁矿在直接还原过程中的还原率和钛、钒的综合回收利用率，获得的质量良好的低碳生铁符合炼钢的要求。除此之外，炉渣中钒的提取率为65%以上，炉渣中钛的回收率为75%以上[12]。

因此，如何实现钒钛磁铁矿的高产量、优质量、低消耗、低成本的利用以及其中有价金属综合回收利用，强化有价金属的提取过程，已成为钢铁钒钛工业研究的发展趋势。

1.1.4 机械活化在冶金中的应用简介

1.1.4.1 机械活化原理

机械压力的应用可以追溯到远古时期，猿人曾用钻木取火。1887年，Ostwald提出了"机械化学"的概念，他把力学化学反应看作是机械能引发的化学反应。"机械活化"是斯梅卡尔引进的机械化学的一个分支，它在冶金、材料、医药、化学等各方面得到了广泛的应用[13]。

机械活化主要由磨床完成，10~100 μm的目标颗粒被称作细磨，小于10 μm的颗粒被称为超细磨。磨削除增加表面积、诱发固体缺陷外，还明显增加了表面高活性区的比重。在机械活化时，只有5%的能量被用来减少粒子的大小，更多的机械能将能量传递到粒子上，从而造成晶粒结构的断裂、缺陷等微观应变的增大，晶格的大小被高能晶界分隔，从而导致矿物的热力学稳定性下降[13]。

目前，在冶金工业中，机械活化主要是通过机械应力来提高材料的反应活性。机械活化是一个多因素、多阶段、多步骤的复杂过程，除了细粒度降低、比表面积增大外，机械活化还包括材料的表面性能以及物理化学性质的变化[14]。

机械活化是一种有效的方法，主要设备有行星球磨机和棒磨机。机械活化的实质就是利用机械力，使材料结构发生不同的改变。因此，机械活化装置的不同，材料机械力的改变会导致不同的活化效应[15]。

1.1.4.2 国内外机械活化的研究现状

李春等[15]采用旋转式球磨机、行星球磨机等设备对活化攀枝花钛铁矿及其浸出反应进行了研究。实验结果表明：机械活化可以促进钛铁矿的浸出过程，搅拌磨的浸出效果最佳，行星球磨机活化后浸出效果最差；辊磨机活化后浸出效果最佳。在水里搅拌、研磨、活化 2 h 后，用工业酸矿比 50% 的硫酸浸泡 2 h，浸出率为 71.2%。

黄铁矿、含砷黄铁矿、黄铜矿等，都是常见的含金、难处理的矿石，为了解决这一方面的问题，人们通常采用机械活化来提高矿石的活性，如通过机械加工，可以将黄铜矿石在较为适宜的环境下进行回收。这主要是由于机械活化提高了矿石的比表面积，增强了矿物的表面活性，改变了晶体的构造，因此矿物活性也增加了[16]。

胡慧萍等[16]采用 Friedman 方法，对未活化黄铁矿和机械活化不同时间的黄铁矿（机械活化 20 min 和 40 min 的黄铁矿分别记为黄铁矿 1 和黄铁矿 2）在加热速度为 2.5 K/min、5 K/min、7.5 K/min 和 15 K/min 的条件下的热分解动力学进行了分析。结果表明，在加热速度为 2.5 K/min、5 K/min、7.5 K/min 和 15 K/min 时，未活化黄铁矿和机械活化黄铁矿 1、黄铁矿 2 的表面激活能（E）、反应级数（n）、指前因数（A）发生了改变。对黄铁矿进行 X 射线衍射，得出了黄铁矿 1、黄铁矿 2 的晶格畸变率（e）和晶粒大小（D）。研究发现：黄铁矿的热分解活化能下降与黄铁矿的晶格畸变和粒径的减少有关。

胡慧萍[17]采用机械活化对黄铁矿、闪锌矿等硫化矿在不同氛围、不同时间、不同球料比等条件下的结构变化进行了研究。实验结果表明机械活化除了使矿物颗粒的比表面积减小之外，还会导致矿物的晶格畸变，从而增大矿物的反应活性；同时，将活化矿物储存在惰性气体氛围中，发现机械活化后的硫化矿晶格畸变不易恢复，只是比表面积有所降低，而当储存时间超过某一值后，其比表面积也不再减小。

对攀西精矿的机械活化与氧化还原工艺的研究发现，机械活化与氧化还原能显著地提高钛精矿中的铁、钙、镁的浸出率，而采用盐酸浸出法生产的人造金红石中钙、镁含量过高，无法达到沸腾氯化法的要求。所得的人造金红石 TiO_2 质量分数为 90.50%，总铁质量分数为 1.37%，总钙镁质量分数为 1.00%，充分符合沸水氯化法工艺的工艺条件[18]。

刘晶晶等[19]研究了球磨参数对煤矸石粉体性能的影响，探究了不同球磨时间、球磨转速以及球料比等工艺条件。实验结果表明，随着球磨时间的延长、球磨转速的增大和球料比的增加，粉末中的粒度差异逐渐缩小，较小的粒子数量增加，较大的粒子数量减少，粉末的粒度变得更均匀；同时，其整体粒径减少，比表面积增大。

刘海军等[20]通过对钒钛磁铁矿尾矿进行机械活化，发现机械活化可以降低尾砂的粒径，改善其反应活性。研究发现：活化时间从 1 h 增至 5 h，其活性指数由 51.23% 提高到 67.89%。尾矿经过 5 h 的活化，加入 35% 的尾矿水泥砂浆，其 7 d 和 28 d 的抗压强度分别为 29.86 MPa 和 45.27 MPa，其综合物理力学性能均优于 42.5 R，达到了《通用硅酸盐水泥》（GB 175—2007）的标准。

综上所述，机械活化确实可以强化矿物中有价金属的提取，提高矿物的活化能，加快提取反应速率，提高有价金属的综合回收率。

1.1.5　本课题的研究意义和研究内容

1.1.5.1　本课题的研究意义

我国传统的高炉-转炉法只能提取钒钛磁铁矿中的铁，而无法同时提取钒、钛等有价金属，并且这种方法还存在许多的问题，如流程长、能耗高、投资大、污染环境等。目前，国内外学者针对机械活化难选难冶矿物中有价金属的研究报道较多，证明机械活化确实可以强化矿物中有价金属的提取和提高有价金属的回收率。

因此，为了提高钒钛磁铁矿高炉渣中钛等有价金属的综合回收利用率，本章采用机械活化对钒钛磁铁矿高炉渣进行预处理，提高矿物的比表面积，破坏含钛组分的晶格，提高矿物晶格畸变率，细化矿物颗粒，从而加快钒钛磁铁矿冶炼渣中钛提取的反应速率、提高有价金属的综合回收率，以期获得最佳的机械活化条件，从而为钒钛磁铁矿高炉渣的综合利用奠定理论和实验基础。

1.1.5.2　本课题的主要研究内容

本章将通过机械活化处理钒钛磁铁矿冶炼渣，对钒钛磁铁矿冶炼渣进行机械活化，找出最佳时间、球料比和转速等工艺参数，并对其活化机理进行初步探究。

①采用破碎机对钒钛磁铁矿冶炼渣进行破碎。

②采用 10% 的稀盐酸（过量）清洗破碎后的钒钛磁铁矿冶炼渣，浸泡 12 h，

除去其中的可溶性氧化物(如 CaO、Al$_2$O$_3$、MgO、Fe$_2$O$_3$ 等)，过滤后分别采用蒸馏水、超纯水洗涤，干燥，于120℃鼓风箱中干燥 5 h 以上，从而制得相应的未活化的钒钛磁铁矿冶炼渣。

③将 20 g 经 10%的稀盐酸清洗后的未活化的钒钛磁铁矿冶炼渣装入机械活化装置(初始球料比设为 5∶1、10∶1、15∶1、20∶1、25∶1，后期根据需要进行优化)，分别在不同时间(如 70 min、120 min、170 min、220 min、270 min)、不同转速(250 r/min、325 r/min、400 r/min、475 r/min、550 r/min)等条件下进行活化，从而获得不同机械活化条件下的活化矿作用。

④采用 XRD 等现代分析测试方法对制得的活化前、后的钒钛磁铁矿冶炼渣进行表征，比较活化前、后钒钛磁铁矿冶炼渣的物质结构、物理性能的变化，分析其成分和组成，从而获得最佳的机械活化工艺参数，并初步探究其活化机理，为钒钛磁铁矿冶炼渣的综合利用提供理论依据。

1.2 实验部分

1.2.1 主要实验原料及实验设备

1.2.1.1 实验原料

某企业钒钛磁铁矿冶炼渣中钛质量分数为 10% 左右，钒质量分数为 0.3% 左右，冶炼渣中含有三氧化二钒矿物和二氧化钛矿物，还有大量的杂质如 Al_2O_3、Fe_2O_3、MgO 等，如表 1.2 和图 1.2 所示。

表 1.2 钒钛磁铁矿冶炼渣的化学元素 (XRD)

化学元素	O	Mg	Al	Si	Ca	Ti	V	Fe
质量分数/%	43.21	3.60	5.48	10.00	17.39	11.43	0.30	8.59

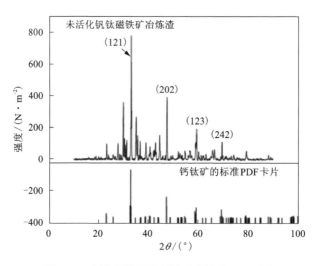

图 1.2 未活化的钒钛磁铁矿冶炼渣 XRD 图

1.2.1.2 实验仪器及设备

实验过程中用到的主要设备如表 1.3 所示。

表 1.3 实验过程中所用到的主要设备

仪器及设备名称	型号	生产单位
行星式球磨机	PM 2L	卓的仪器设备(上海)有限公司
比表面积测试仪(BET)	ASAP 2460	麦克默瑞提克(上海)仪器有限公司
X 射线衍射仪(XRD)	Rigaku Ultima Ⅳ	日本理学 Rigaku 射线仪器有限公司
扫描电子显微镜(SEM)	Apreo 2C	美国赛默飞世尔仪器有限公司
能量色散光谱仪(EDS)	Oxford Ultim Max 65	牛津仪器科技(上海)有限公司

1.2.2 机械活化钒钛磁铁矿冶炼渣样品的制备

采用 10%的稀盐酸(过量)清洗破碎后的钒钛磁铁矿冶炼渣，浸泡 12 h，除去其中的可溶性氧化物(如 CaO、Al_2O_3、MgO、Fe_2O_3 等)，过滤后分别采用蒸馏水、超纯水洗涤，干燥，于 120℃鼓风箱中干燥 5 h 以上，从而制得相应的未活化的钒钛磁铁矿冶炼渣。将一定量经 10%的稀盐酸清洗后的未活化的钒钛磁铁矿冶炼渣装入机械活化装置，分别在不同球料比、不同时间和不同转速等条件下进行活化，从而获得不同机械活化条件下的活化冶炼渣。

1.2.3 实验方法

为提高钒钛磁铁矿冶炼渣中有价金属的综合利用率，本章中所用的钒钛磁铁矿冶炼渣是一种坚硬的块状固体，因此，它需要在颚式破碎机中破碎并储存起来以备后续实验使用。采用 XRD、BET、激光粒度等现代分析测试方法对所制得的活化前、后的钒钛磁铁矿冶炼渣进行表征，比较活化前、后钒钛磁铁矿冶炼渣的物质结构、物理性能的变化，分析其成分和组成。在固定条件下进行一系列实验[21-23]，研究球料比对比表面积、晶格畸变率、粒径等性能的影响。首先恒定机械活化时间(120 min)和机械活化转速(400 r/min),通过改变球与冶炼渣的质量比(5∶1、10∶1、15∶1、20∶1、25∶1)获得最佳的机械活化球料比,并初步探讨球料比对含钛高炉渣理化性质影响的机理;其次,在固定的机械活化转速(400 r/min)和球料比(20∶1)下,通过改变机械活化时间(70 min、120 min、170 min、220 min、270 min),探究机械活化时间对含钛高炉渣理化性质的影响,并获得最佳的机械活化时间;最后,在固定的机械活化时间(170 min)和球料比(20∶1)条件下,改变机械活化转速(250 r/min、325 r/min、400 r/min、475 r/min、550 r/min),探究机械活化转速对含钛高炉渣理化性质的影响,并获得最佳的机械活化转速。所有机械活化实验均在卓的仪器设备(上海)有限公司生产的 PM 2L 行星式球磨机中进行,机械活化的含钛高炉渣储存起来供后续检测分析,并且所有机械活化实验均在常温空气气氛环境下进行。

1.2.4 分析检测方法

采用比表面积测试仪(BET)模型,利用氮吸附和解吸等温线测量未活化和机械活化后含钛高炉渣的比表面积及孔径分布,测试所用仪器为麦克默瑞提克(上海)仪器有限公司生产的 ASAP 2460 比表面积测试仪,收集相对压力在 0.05~0.995 的吸附数据[24-25]。

对未活化和机械活化的含钛高炉渣进行 X 射线衍射分析(XRD),测试所用仪器为 X 射线衍射仪(Rigaku Ultima Ⅳ,日本)。测试条件:Cu 靶和 Kα 辐射的 X 射线管(U=40 kV,I=40 mA,λ=1.5406 A,衍射角为 5°~90°,步长为 0.02°)[26]。收集的 XRD 数据用于计算结构无序程度,即晶格的畸变率(ε,以百分比表示)和晶胞体积(V,Å^3)由衍射峰分布的变化获得,例如钙钛矿(CaTiO$_3$)(121),(202),(123)和(242)晶面的衍射峰[27]。衍射峰强度降低主要是由于晶格畸变的增加和晶胞体积的减小,ε 和 V 的值是通过使用高斯峰轮廓函数的假设获得的[28]。

采用扫描电子显微镜(Apreo 2C,美国)对未活化和机械活化的含钛高炉渣的表面形貌和特征进行表征,收集 10 kV 加速电压和大约 700 nA 的探针电流下的图像和光谱[29]。在 SEM 表征分析时,样品被喷金以防止样品结构被破坏。

采用能量色散 X 射线分析(EDS)测定未活化和机械活化的含钛高炉渣的

组分含量，测试所用仪器为 Oxford Ultim Max 65 [牛津仪器科技（上海）有限公司]，并采用激光粒度分析仪（Malvern Zetasizer Nano ZS90）测定钒钛磁铁矿冶炼渣活化前、后粒度分布，测试采用以水为分散剂的湿法测试。

1.3 实验结果与讨论

1.3.1 球料比对未活化的钒钛磁铁矿冶炼渣的影响

称取一定质量的钒钛磁铁矿冶炼渣,恒定活化时间为 120 min、活化转速为 400 r/min,在球料比分别为 5:1、10:1、15:1、20:1、25:1 的条件下进行活化。随后采用 XRD、BET、激光粒度分析、SEM 等对活化前、后钒钛磁铁矿冶炼渣进行分析,实验结果如图 1.3~图 1.10 所示。

1.3.1.1 XRD 分析

由图 1.2 可知,(121)、(202)、(123) 和 (242) 晶面的衍射峰归属于钙钛矿 ($CaTiO_3$)。由图 1.3 可以看出,相比未活化钒钛磁铁矿冶炼渣,机械活化后钒钛磁铁矿冶炼渣的衍射峰强度随着球料比的增加明显降低。这是由于机械活化后钒钛磁铁矿冶炼渣中钙钛矿的结晶度降低了,即机械活化破坏了钙钛矿的晶格。根据高斯峰轮廓函数,XRD 数据也用于计算钙钛矿的单胞体积 (V) 和晶格畸变率 (ε),其结果如表 1.4 所示。随着球料比的增加,晶胞体积逐渐减小,而晶格畸变率逐渐增大。XRD 分析表明机械活化降低了钙钛矿的结晶程度,破坏了钛酸钙的晶格,晶格尺寸减小[28]。这与胡慧萍等[27, 28]在机械活化处理黄铁矿和黄铜矿时得出的结论较为一致。

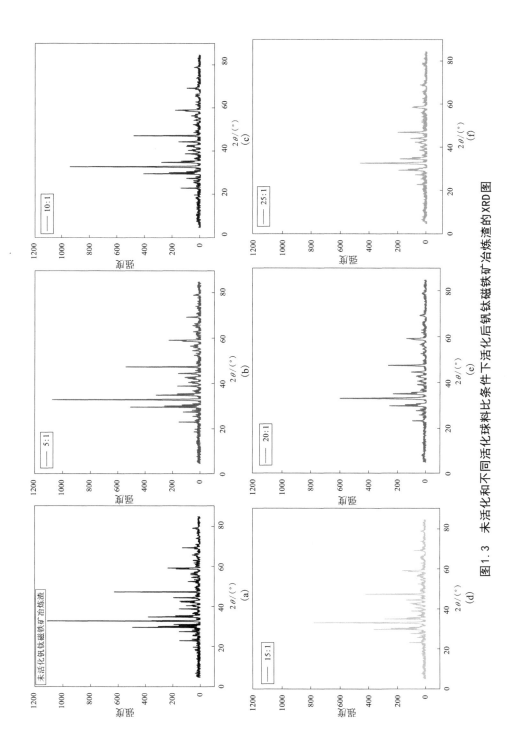

图1.3　未活化和不同活化球料比条件下活化后钒钛磁铁矿冶炼渣的XRD图

表 1.4　单位晶胞体积(V)、晶格畸变率(ε)与机械活化球料比的关系

球料比	$V/\text{Å}^3$	$\varepsilon/\%$
0	223.8	0
5：1	214.2	0.03
10：1	197.6	0.11
15：1	178.3	0.19
20：1	167.8	0.34
25：1	158.9	0.37

1.3.1.2　BET 分析

如图 1.4 所示，机械活化后钒钛磁铁矿冶炼渣(在不同球料比条件下)的氮吸附能力明显高于未活化钒钛磁铁矿冶炼渣。当吸附压力达到最大值，球料比为 20：1 时，吸附容量最佳。结合气体吸附等温线分类(图 1.5)可知，图 1.4(b)～图 1.4(f)所示等温线为Ⅲ类，图 1.4(a)所示等温线为Ⅳ类。根据吸附分析迟滞回线的分类及其相应的孔隙形状(图 1.6)可知，未活化钒钛磁铁矿冶炼渣[图 1.4(a)]的迟滞环为 E 类。较小的迟滞环表明未活化钒钛磁铁矿冶炼渣的孔隙率较低，存在瓶颈状孔隙。球料质量比对不同样品比表面积的影响如图 1.7 所示，可以看出，比表面积随着球料质量比的增加而增加。当球料比为 20：1 时(表 1.5)，比表面积达到较大值(4.3727 m^2/g)。

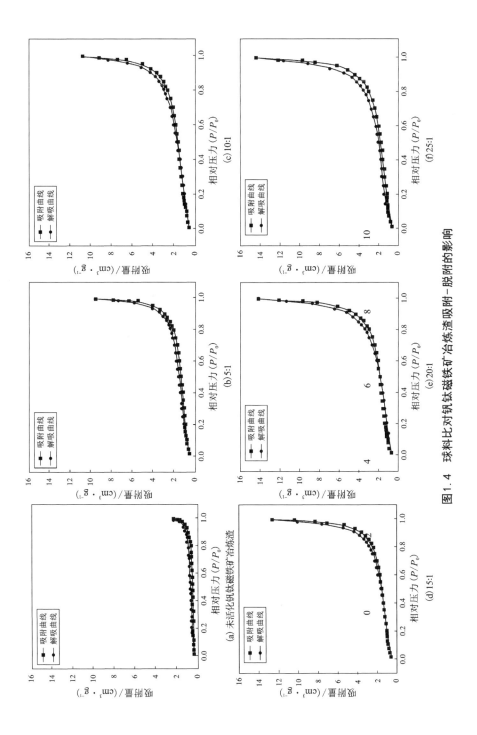

图 1.4　球料比对钒钛磁铁矿冶炼渣吸附-脱附的影响

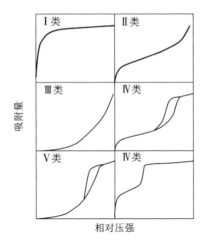

图 1.5　气体吸附等温线分类[30]

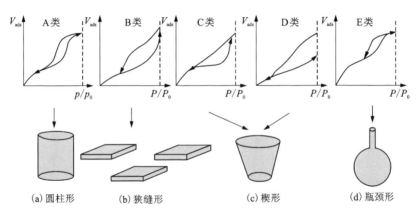

图 1.6　吸附迟滞回线的分类及其相应的孔隙形状[31]

表 1.5　球料比所对应的比表面积值

球料比	比表面积/($m^2 \cdot g^{-1}$)
0	1.5155
5∶1	3.4498
10∶1	3.8288
15∶1	3.7832
20∶1	4.3727
25∶1	4.3906

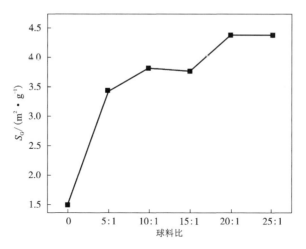

图 1.7　未活化和不同活化球料比条件下活化后钒钛磁铁矿冶炼渣的比表面积变化图

1.3.1.3　激光粒度分析

如图 1.8 和图 1.9 所示，未活化钒钛磁铁矿冶炼渣粒度绝大多数大于 100 μm，而活化后钒钛磁铁矿冶炼渣粒度绝大多数分布在 1~100 μm。同时相比于未活化钒钛磁铁矿冶炼渣，活化后钒钛磁铁矿冶炼渣粒度分布更均匀。湿法冶金浸出是一个液固多相反应过程，当粒度过小时，黏度会增大以至于反应速率下降，而不利于浸出。

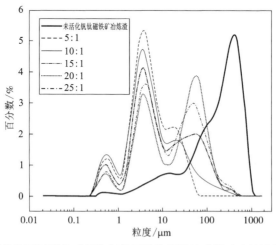

图 1.8　未活化和不同活化球料比条件下活化后钒钛磁铁矿冶炼渣的粒度分布图

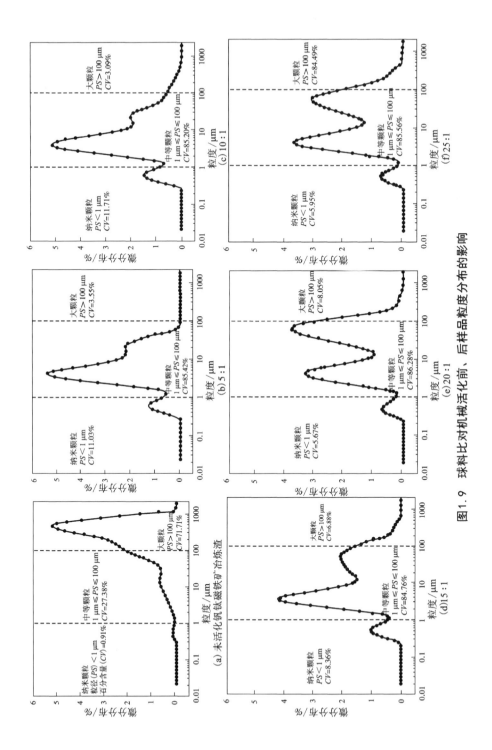

图 1.9 球料比对机械活化前、后样品粒度分布的影响

1.3.1.4　SEM 分析

如图 1.10 所示，与未活化钒钛磁铁矿冶炼渣[图 1.10(a)]相比，机械活化后的钒钛磁铁矿冶炼渣的颗粒尺寸显著减小[图 1.10(b)~图 1.10(f)]。随着球料比由 5∶1 增大至 25∶1 时，冶炼渣的颗粒尺寸减小[图 1.10(b)~图 1.10(f)]。当球料比达到 20∶1 时，矿物颗粒尺寸分布更加均匀。而当球料比为 25∶1 时，冶炼渣的颗粒反而变大，活化效果降低，这是由于矿物在一定程度上出现黏结和团聚现象[图 1.10(f)]以及球料比过高导致物料仅填充在钢球之间的缝隙中，球磨时两者不能完全接触，因此达不到良好的球磨效果[30]。结合 XRD、BET、SEM 和激光粒度分析的结果，可以合理地得出机械活化的最佳球料比为 20∶1。

(a) 未活化　　　　　　(b) 5∶1　　　　　　(c) 10∶1

(d) 15∶1　　　　　　(e) 20∶1　　　　　　(f) 25∶1

图 1.10　未活化和不同活化球料比条件下活化后钒钛磁铁矿冶炼渣的 SEM 图

1.3.2　活化时间对未活化的钒钛磁铁矿冶炼渣的影响

称取一定质量的钒钛磁铁矿高炉渣，恒定活化转速为 400 r/min、球料比为 20∶1，在时间为 70 min、120 min、170 min、220 min、270 min 等的条件下进行活化。随后采用 XRD、BET、激光粒度分析、SEM 等对活化前、后的钒钛磁铁矿冶炼渣进行分析，实验结果如图 1.11～图 1.16 所示。

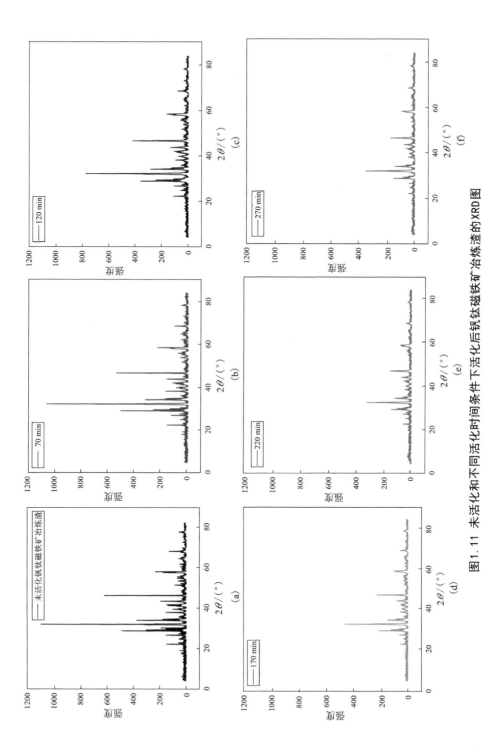

图 1.11　未活化和不同活化时间条件下活化后钒钛磁铁矿冶炼渣的 XRD 图

1.3.2.1 XRD 分析

由图 1.2 可知，(121)、(202)、(123)和(242)晶面的衍射峰归属于钙钛矿(CaTiO₃)。由图 1.11 可以看出，相比未活化钒钛磁铁矿冶炼渣，机械活化后钒钛磁铁矿冶炼渣的衍射峰强度随着时间的延长减小。根据高斯峰轮廓函数，XRD 数据也用于计算钙钛矿的单胞体积(V)和晶格畸变率(ε)，其结果如表1.6 所示，随着时间的延长，晶胞体积急剧减小，直到时间为 170 min 时，晶胞体积缓慢减小，晶格畸变率明显增大。这与胡慧萍等[27, 28]在机械活化处理黄铁矿和黄铜矿时得出的结论较为一致。

表 1.6 单位晶胞体积(V)、晶格畸变率(ε)与活化时间的关系

活化时间/min	$V/\text{Å}^3$	$\varepsilon/\%$
0	223.8	0
70	210.6	0.12
120	191.4	0.19
170	166.7	0.39
220	157.3	0.43
270	150.1	0.46

1.3.2.2 BET 分析

如图 1.12 所示，机械活化后钒钛磁铁矿冶炼渣(在不同活化时间条件下)的氮吸附能力明显高于未活化钒钛磁铁矿冶炼渣。当吸附压力达到最大值，活化时间为 170 min 时，吸附容量最佳。结合气体吸附等温线分类(图 1.5)可知，图 1.12(b)~(f)所示等温线为Ⅲ形，图 1.12(a)所示等温线为Ⅳ形。根据吸附分析迟滞回线的分类及其相应的孔隙形状(图 1.6)可知，未活化钒钛磁铁矿冶炼渣[图 1.12(a)]的迟滞环为 E 形。较小的迟滞环表明未活化钒钛磁铁矿冶炼渣的孔隙率较低，存在瓶颈状孔隙。活化时间对不同样品比表面积的影响如图 1.13 所示，可以看出，随着活化时间的延长，比表面积先降低再增加到一定程度后又降低。当活化时间为 170 min 时(表 1.7)，比表面积达到最大值(5.3661 m²/g)。

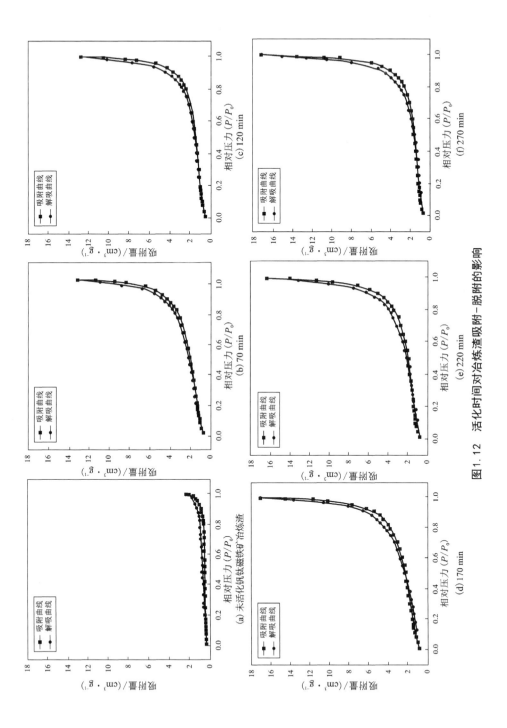

图 1.12　活化时间对冶炼渣吸附 – 脱附的影响

表 1.7　活化时间所对应的比表面积值

活化时间/min	比表面积/($m^2 \cdot g^{-1}$)
70	5.0367
120	3.7832
170	5.3661
220	4.9639
270	4.0865

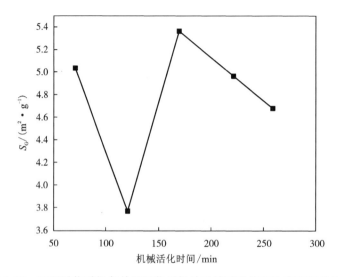

图 1.13　不同活化时间条件下活化后钒钛磁铁矿冶炼渣比表面积的影响

1.3.2.3　激光粒度分析

如图 1.14 和图 1.15 所示，随着活化时间的延长，钒钛磁铁矿冶炼渣粒度逐渐减小，且分布更加均匀，绝大部分矿物粒度位于 1～100 μm 之间。当机械活化时间为 170 min 之后，继续延长活化时间，钒钛磁铁矿高炉渣的粒度又有所增大。在机械活化过程中，矿物的晶粒尺寸会根据活化时间的增加而先减小再增大，这是由于在活化刚开始阶段矿物晶粒会发生变形和破碎，导致晶粒尺寸减小，而活化到一定时间时可能出现二次结晶，使其晶粒尺寸增大[32]。这与胡红英等[33]在研究球磨对改性 SiO_2 粒度的影响时得出的结论较为一致。

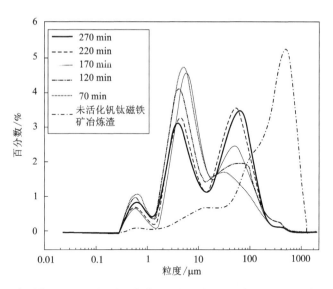

图 1.14　未活化和不同活化时间条件下活化后钒钛磁铁矿冶炼渣的粒度分布图

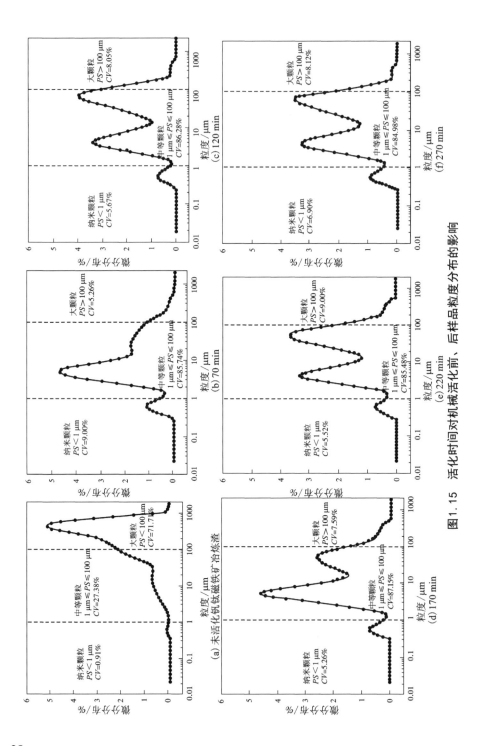

图1.15　活化时间对机械活化前、后样品粒度分布的影响

28

1.3.2.4　SEM 分析

如图 1.16 所示，与未活化钒钛磁铁矿冶炼渣[图 1.16(a)]相比，机械活化后钒钛磁铁矿冶炼渣的颗粒尺寸显著减小[图 1.16(b)~(f)]。活化时间为 70~170 min 时，随着活化时间的增加，冶炼渣的颗粒变得更加细小和粗糙，粗糙的表面有利于颗粒与浸出剂接触，从而强化浸出[34]。若进一步延长活化时间，会导致颗粒团聚，如活化 270 min 时的冶炼渣就有明显的团聚现象，会使反应速率降低，不利于后续的浸出。结合 XRD、BET、SEM 和激光粒度分析的结果，可以有效地得出机械活化的最佳时间为 170 min。

图 1.16　未活化和不同活化时间条件下活化后钒钛磁铁矿冶炼渣的 SEM 图

1.3.3　活化转速对未活化钒钛磁铁矿冶炼渣的影响

称取一定质量的钒钛磁铁矿冶炼渣，恒定活化时间为 170 min、球料比为 20∶1，在转速为 250 r/min、325 r/min、400 r/min、475 r/min、550 r/min 等的条件下进行活化。随后采用 XRD、BET、激光粒度分析、SEM 等对活化前、后钒钛磁铁矿冶炼渣进行分析，实验结果如图 1.17~图 1.22 所示。

1.3.3.1　XRD 分析

由图 1.2 可知，(121)、(202)、(123) 和 (242) 晶面的衍射峰归属于钙钛矿 ($CaTiO_3$)。由图 1.17 可以看出，相比未活化钒钛磁铁矿冶炼渣，机械活化后钒钛磁铁矿冶炼渣的衍射峰强度随着球磨转速的增加明显降低，球磨转速增加到一定程度时，钒钛磁铁矿冶炼渣的衍射峰强度相对稳定。这是由于机械活化后钒钛磁铁矿冶炼渣中钙钛矿的结晶度降低了，即机械活化破坏了钙钛矿的晶格。根据高斯峰轮廓函数，XRD 数据也用于计算钙钛矿的单胞体积 (V) 和晶格畸变率 (ε)，其结果如表 1.8 所示。随着活化转速的增加，晶胞体积急剧减小，晶格畸变率急剧变大，但活化转速在 400 r/min 后，晶格畸变率缓慢变大，晶胞体积缓慢减小。

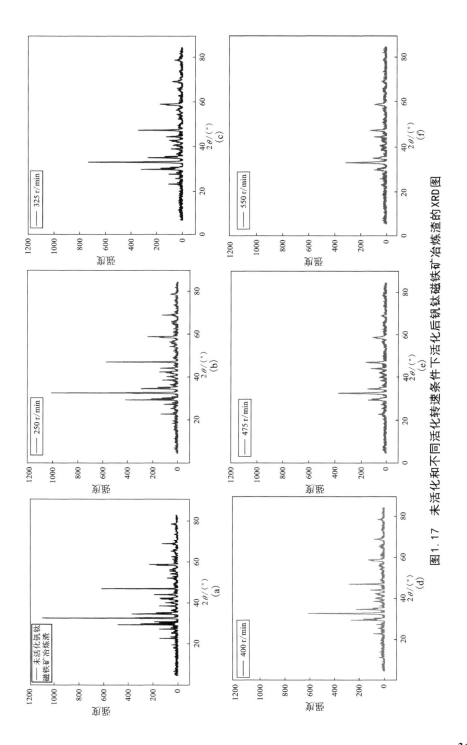

图1.17　未活化和不同活化转速条件下活化后钒钛磁铁矿冶炼渣的XRD图

表 1.8　单位晶胞体积(V)、晶格畸变率(ε)与活化转速的关系

球磨转速/(r·min^{-1})	$V/\text{Å}^3$	$\varepsilon/\%$
0	223.8	0
250	208.7	0.13
325	188.2	0.31
400	162.7	0.44
475	154.6	0.47
550	148.8	0.49

1.3.3.2　BET 分析

如图 1.18 所示,机械活化后钒钛磁铁矿冶炼渣(在不同球磨转速条件下)的氮吸附能力明显高于未活化钒钛磁铁矿冶炼渣。随着球磨转速的增加,吸附容量逐渐上升。活化转速为 325 r/min 至 400 r/min 时,吸附压力值趋于平缓,继续增加球磨转速后,吸附压力值逐渐下降。不同活化转速的气体吸附等温线分类与不同活化时间和不同球料比一样。活化转速对不同样品比表面积的影响如图 1.19 所示,可以看出,随着活化转速的增加,比表面积先增大到一定程度后又降低。当活化转速为 400 r/min 时(见表 1.9),比表面积达到最大值(5.4962 m^2/g)。

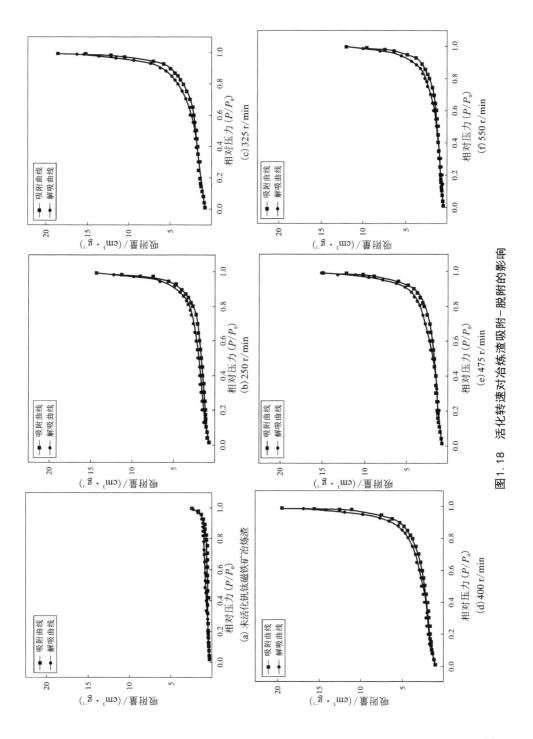

图 1.18 活化转速对冶炼渣吸附-脱附的影响

表 1.9　活化转速所对应的比表面积值

机械活化转速/(r·min^{-1})	比表面积/(m^2·g^{-1})
250	4.0398
325	4.8279
400	5.4962
475	4.0153
550	2.9924

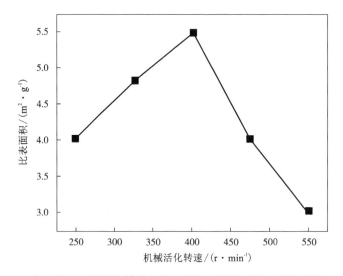

图 1.19　未活化和不同活化转速条件下活化后钒钛磁铁矿冶炼渣的 BET 图

1.3.3.3　激光粒度分析

如图 1.20 和图 1.21 所示，随着球磨转速的增加，钒钛磁铁矿冶炼渣粒度逐渐减小，且其分布越来越均匀，绝大部分矿物粒度为 1~100 μm。同理，当球磨转速增加到一定程度时可能出现二次结晶，使其晶粒尺寸增大（详见 1.3.2.3 "激光粒度分析"）。

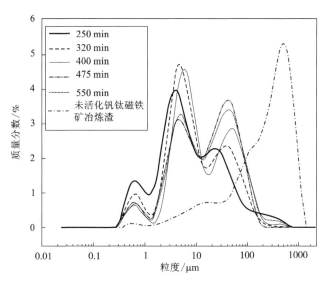

图 1.20　未活化和不同活化转速条件下活化后钒钛磁铁矿冶炼渣的粒度分布图

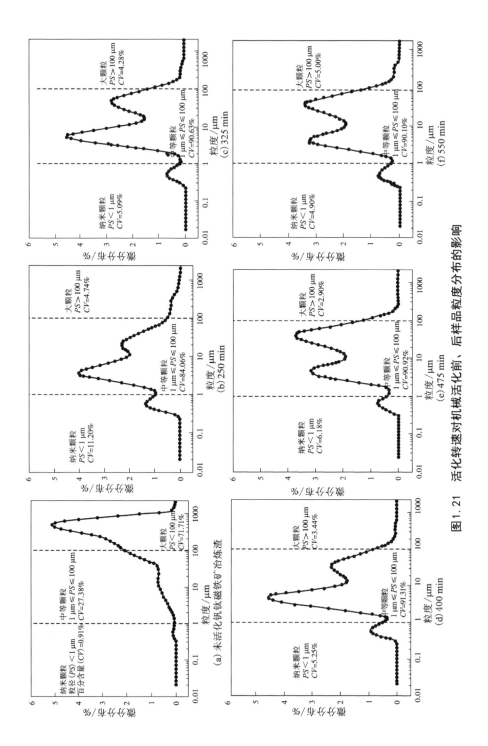

图1.21 活化转速对机械活化前、后样品粒度分布的影响

1.3.3.4　SEM 分析

如图 1.22 所示，与未活化钒钛磁铁矿冶炼渣[图 1.22(a)]相比，机械活化后的钒钛磁铁矿冶炼渣的颗粒尺寸显著减小[图 1.22(b)~图 1.22(f)]。球磨转速增加，冶炼渣颗粒的表面逐渐光滑，球磨转速增加到 400 r/min 时，继续增大机械活化转速，冶炼渣就会出现明显的团聚现象。根据图 1.22 可知，球磨机的转速在 400 r/min 时为最佳活化转速。结合 XRD、BET、SEM 和激光粒度分析的结果，可以有效地得出最佳球磨转速为 400 r/min。

(a) 未活化　　　　　　　(b) 250 r/min　　　　　　　(c) 325 r/min

(d) 400 r/min　　　　　　(e) 475 r/min　　　　　　　(f) 550 r/min

图 1.22　未活化和不同球磨转速条件下活化后钒钛磁铁矿冶炼渣的 SEM 图

1.4 本章小结

本章采用机械活化处理钒钛磁铁矿冶炼渣，对钒钛磁铁矿冶炼渣进行机械活化，通过改变球料比、活化转速、活化时间等工艺参数，并对其活化机理进行初步探究，分析对比钒钛磁铁矿冶炼渣机械活化前、后冶炼渣的物理化学性质变化，获得最佳的钒钛磁铁矿冶炼渣机械活化工艺条件，即球料比为20∶1、活化时间为170 min、活化转速为400 r/min最佳。根据机械活化前后钒钛磁铁矿冶炼渣的物理化学性质差异，我们认为机械活化可以提高钒钛磁铁矿冶炼渣比表面积、破坏含钛组分的晶格、提高矿物晶格畸变率、细化矿物颗粒，从而加快钒钛磁铁矿冶炼渣中钛反应性能，提高有价金属的综合回收率，为钒钛磁铁矿冶炼渣的综合利用奠定理论和实验基础，具体内容如下。

①随着球料比的增加，晶胞体积逐渐减小，而晶格畸变率逐渐增大。XRD分析表明机械活化减小了钙钛矿的结晶程度，破坏了钛酸钙的晶格，晶格尺寸减小。机械活化后的钒钛磁铁矿冶炼渣粒度绝大多数分布在$1\sim100$ μm，粒度分布更加均匀。钒钛磁铁矿冶炼渣的比表面积随着球料比的增加而增加，当球料比达到20∶1时，其比表面积达到较大值(4.3727 m^2/g)，之后继续增大球料比，矿物颗粒之间会出现一定的黏结和团聚现象。

②随着时间的延长，晶胞体积急剧减小，直到时间为170 min时，晶胞体积缓慢减小，晶格畸变率明显增大；比表面积随着活化时间的延长，比表面积先降低再增加到一定程度后又降低，当活化时间为170 min时，比表面积达到最大值(5.3661 m^2/g)；随着活化时间的延长，钒钛磁铁矿冶炼渣粒度逐渐减小，且分布更加均匀。当机械活化时间为170 min时，继续延长活化时间，钒钛磁铁矿冶炼渣的粒度又有所增大。这可能是因为在活化刚开始阶段矿物晶粒会发生变形和破碎，导致晶粒尺寸减小。而活化到一定时间时可能出现二次结晶，使其晶粒尺寸增大，且机械活化时间达到170 min，继续增大活化时间，矿物颗粒之间会出现越来越严重的黏结和团聚现象。

③随着球磨转速的增加，晶胞体积急剧减小，晶格畸变急剧变大，但球磨转速在400 r/min后，晶格畸变缓慢变大，晶胞体积缓慢减小；比表面积随着球磨转速的增加，比表面积先增大到一定程度后又降低，当球磨转速为400 r/min

时，比表面积达到最大值(5.4962 m²/g)；随着球磨转速的增加，钒钛磁铁矿冶炼渣粒度逐渐减小，且其分布越来越均匀，绝大部分矿物粒度为 1~100 μm；球磨转速增加，冶炼渣颗粒的表面逐渐光滑，球磨转速增加到 400 r/min 时，继续增大机械活化转速，冶炼渣就会出现明显的团聚现象。

参考文献

[1]　郭宇峰.钒钛磁铁矿固态还原强化及综合利用研究[D].长沙：中南大学, 2007.

[2]　周密.含铬型钒钛磁铁矿在烧结—炼铁流程中的基础性研究[D].沈阳：东北大学, 2015.

[3]　张勇, 周密, 储满生, 等.进口高铬型钒钛磁铁矿的烧结基础特性[J].钢铁, 2012, 47(12)：18-23.

[4]　张勇, 周密, 储满生, 等.高铬型钒钛磁铁矿烧结试验[J].东北大学学报(自然科学版), 2013, 34(3)：383-387.

[5]　汪镜亮.国外钒钛磁铁矿的开发利用[J].钒钛, 1993(5)：1-11.

[6]　陈露露.我国钒钛磁铁矿资源利用现状[J].中国资源综合利用, 2015, 33(10)：31-33.

[7]　王勋, 韩跃新, 李艳军, 等.钒钛磁铁矿综合利用研究现状[J].金属矿山, 2019(6)：33-37.

[8]　王永红.高炉冶炼钒钛磁铁矿钒还原机理研究[D].重庆：重庆大学, 2010.

[9]　黄丹.钒钛磁铁矿综合利用新流程及其比较研究[D].长沙：中南大学, 2012.

[10]　FU W G, WEN Y C, XIE H E. Development of intensified technologies of vanadium-bearing titanomagnetite smelting[J]. Journal of Iron and Steel Research(International), 2011, 18(4)：7-10, 18.

[11]　郭新春.国内外钒钛矿冶炼工艺及技术分析[J].钒钛, 1989(1)：50-64.

[12]　LIU G G. Study on utilization technology of vanadium titanium magnetite based on the rotary hearth furnace direct reduction process[J]. Applied Mechanics and Materials, 2012, 217-219(2)：441-444.

[13]　赵素兴, 王改荣, 杨洪英, 等.黄铜矿机械活化的研究进展[J].中国有色金属学报, 2021, 31(11)：3396-3408.

[14]　黄青云, 向俊一, 裴贵尚, 等.机械活化强化钒渣钙化提钒工艺[J].中国有色金属学报, 2020, 30(4)：858-865.

［15］ 李春, 陈胜平, 吴子兵, 等.机械活化方式对攀枝花钛铁矿浸出强化作用[J].化工学报, 2006, 57(4)：832-837.

［16］ 胡慧萍, 陈启元, 尹周澜, 等.机械活化黄铁矿的热分解动力学[J].中国有色金属学报, 2002, 12(3)：611-614.

［17］ 胡慧萍.机械活化硫化矿结构与性质变化规律的基础研究[D].长沙：中南大学, 2003.

［18］ TAN P, HU H P, ZHANG L. Effects of mechanical activation and oxidation-reduction on hydrochloric acid leaching of Panxi ilmenite concentration [J]. Transactions of Nonferrous Metals Society of China, 2011, 21(6)：1414-1421.

［19］ 刘晶晶, 钟璐, 杨雪晴, 等.球磨参数对煤矸石粉体性能的影响研究[J].萍乡学院学报, 2021, 38(3)：107-112.

［20］ 刘海军, 赵丽丽.钒钛磁铁矿尾矿的活化及用作水泥混合材的试验研究[J].钢铁钒钛, 2020, 41(4)：97-102.

［21］ HU H P, CHEN Q Y, YIN Z L, et al. Thermal behaviors of mechanically activated pyrites by thermogravimetry (TG) [J]. Thermochimica Acta, 2003, 398(1/2)：233-240.

［22］ HU H P, CHEN Q Y, YIN Z L, et al. Mechanism of mechanical activation for sulfide ores [J]. Transactions of Nonferrous Metals Society of China, 2007, 17(1)：205-213.

［23］ HU H P, CHEN Q Y, YIN Z L, et al. Effect of grinding atmosphere on the leaching of mechanically activated pyrite and sphalerite[J]. Hydrometallurgy, 2004, 72 (1/2)：79-86.

［24］ ZHANG L M, LI L, ZHANG Y H, et al. Nickel catalysts supported on MgO with different specific surface area for carbon dioxide reforming of methane [J]. Journal of Energy Chemistry, 2014, 23(1)：66-72.

［25］ LI X M, JIANG L F, ZHOU C, et al. Integrating large specific surface area and high conductivity in hydrogenated $NiCo2O_4$ double-shell hollow spheres to improve supercapacitors [J]. NPG Asia Materials, 2015, 7(3)：165.

［26］ ZHANG K Z, CHENG Y P, LI W, et al. Microcrystalline characterization and morphological structure of tectonic anthracite using XRD, liquid nitrogen adsorption, mercury porosimetry, and micro-CT[J]. Energy & Fuels, 2019, 33(11)：10844-10851.

［27］ CHEN Q Y, YIN Z L, ZHANG P M, et al. The oxidation behavior of unactivated and mechanically activated sphalerite[J]. Metallurgical and Materials Transactions B, 2002, 33(6)：897-900.

［28］ HU H P, CHEN Q Y, YIN Z L, et al. The thermal behavior of mechanically activated galena by thermogravimetry analysis[J]. Metallurgical and Materials Transactions A, 2003, 34(3)：

793-797.

[29] LUO L, WANG G L, WANG Z M, et al. Optimization of Fenton process on removing antibiotic resistance genes from excess sludge by single-factor experiment and response surface methodology[J]. Science of the Total Environment, 2021, 788: 147889.

[30] 陈诵英, 孙予罕, 丁云杰, 等. 吸附与催化[M]. 郑州: 河南科学技术出版社, 2001.

[31] CHEN S Y. Adsorption and catalysis [M]. Changsha: Henan Science and Technology Press, 2001.

[32] 李祥春, 高佳星, 张爽, 等. 基于扫描电镜、孔隙-裂隙分析系统和气体吸附的煤孔隙结构联合表征[J/OL]. 地球科学, 2021: 1-15[2022-04-24].

[33] 韦亮平. 机械活化攀枝花钛铁矿精矿中主要矿物的结构与性质变化规律研究[D]. 长沙: 中南大学, 2010.

[34] 胡红英, 胡慧萍, 陈启元. 非水环境中球磨作用对改性 SiO_2 晶体结构、粒度和 Zeta 电位的影响[J]. 过程工程学报, 2007, 7(4): 827-831.

[35] 伍凌, 陈嘉彬, 钟胜奎, 等. 机械活化-盐酸常压浸出钛铁矿的影响[J]. 中国有色金属学报, 2015, 25(1): 211-219.

第2章

机械活化后钒钛磁铁矿冶炼渣的浸出工艺优化

钛是重要的资源，在国民经济建设和国防建设中具有重要的作用。攀钢的钒钛磁铁矿冶炼渣中含丰富的钛资源，占攀钢地区总钛资源的50%左右。然而现有的火法冶炼工艺无法经济有效地提取其中的钛等有价金属，湿法提钛也存在硫酸消耗量比较大、具有强烈的腐蚀性、对硫酸的回收处理较困难以及污染大等一系列问题，而盐酸法则具有流程短、步骤简单、成本低、盐酸可循环利用等优点，因此被广泛地应用于钛的提取。本章以攀钢钒钛磁铁矿冶炼渣为研究对象，以经破碎、酸洗、机械活化处理后获得的钒钛磁铁矿冶炼渣为原料，采用盐酸浸出法对机械活化后与未活化钒钛磁铁矿冶炼渣的浸出性能进行了研究。本章中的实验均采用单一变量法，依次考察了酸渣质量比、温度、时间、转速、盐酸质量分数对钛浸出率的影响，得出最佳浸出工艺条件为盐酸质量分数50%、浸出温度100℃、浸出时间120 min、搅拌强度600 r/min、液固比120∶1。在此浸出工艺条件下，钛的浸出率可以达到90.07%，且纯度较高。

2.1　绪论

在实现碳中和的目标方向下，金属矿产业作为国民经济的一个基础型产业，在节能减排中具有重要地位，也是实现"碳达峰碳中和"目标的重要责任主体[1]。同时"碳中和碳达峰"在工业现代化进程中发挥着不可替代的作用，决定着我国的经济体系将朝着更加创新的趋势发展，不仅可以解决我国环境问题，也是我国国民经济可持续发展的必然选择[2]。

基于这一背景，钛产业发展受到越来越多的关注，继而使其进入一个新的发展阶段。《中华人民共和国国民经济和社会发展第十四个五年规划和 2035 年远景目标纲要》中指出[3]，为了实现国民经济可持续增长，必须积极推动"十四五"时期钛产业的发展。由于钛材料在轻量化、可塑性强等方面占据一定的优势，所以新能源汽车、新材料及未来航天航空用钛都是我国在"十四五"时期将重点研究的材料，在未来五年内，钛产品需求量及利用率将大幅度提升。因此，综合开发利用低品位矿、尾矿、废渣中的含钛资源是未来钛冶金的必然发展趋势。

2.1.1　钒钛磁铁矿资源分布概况

目前，在我国的钛产业中钒钛磁铁矿起到支撑作用。因此，国内外很多科技工作者对钒钛磁铁矿资源地的开发进行了探究。相关数据报道显示，全球钒钛磁铁矿储量超过 400 亿 t，占全球钛矿原储量的 1/4[4, 5]，主要资源集中分布在南非、俄罗斯、中国四川攀西地区和河北承德等少数国家和地区。

由于各个国家钒钛磁铁矿成分及物质结构差异较大，所以根据其钛含量（质量分数）及赋存状态的不同将其分为高钛矿、低钛矿两种类型。钒钛磁铁矿中含有的矿石原料成分（如 Fe、TiO_2、V_2O_5、Al_2O_3 等）不同，在开发冶炼的技术上也存在一定的差异。钒钛磁铁矿的利用以铁、钒、钛三大元素为主，部分国家重点开发利用钒和铁，而我国和俄罗斯则实现了钛、钒、铁的全部开采与利用[5, 6]，实现了矿产资源中有价金属的资源综合回收利用。

2.1.1.1　国内钒钛磁铁矿资源分布

我国钒钛磁铁矿资源丰富，目前已探明的钛资源主要分布在四川攀枝花—西昌地区(简称攀西地区)[7]，因此攀西地区也被称为"世界钒钛之都"。攀西地区拥有攀枝花、红格、太和、白马这四个特大型钒钛磁铁矿区[8, 9]。红格区又分为南、北两个矿区，其中南矿区资源储量约 19.46 亿 t，因其资源储量大、矿石可选择性好、经济利用价值高，是攀西地区未设置矿权的矿区中唯一适合攀钢的接替矿山[9]。因受当时对钒钛磁铁矿资源综合利用技术水平的限制，国家为了保护资源，对其进行封存保护。但随着现代冶金技术的发展，对这些难选、难冶的钒钛资源的综合利用重新提上日程。总体来说，攀枝花的钛矿石储量占据很大的优势，不但占全国钛矿石储量的 90.5%，而且同样占世界钛矿石储量的 35%，这一资源优势在钛冶金工业中抢占了先机[10, 11]。由于其在资源上占据着得天独厚的优势，从而为我国钛钢铁产业发展提供了重要的资源保障。近年来，攀西钒钛磁铁矿资源在开发利用研究成果的基础上，按照可持续发展的绿色矿山、智慧矿山建设要求，集成国内外先进的采选冶技术、智能矿山技术及装备技术，从矿山的周边环境、生产的节能减排、资源合理性综合回收利用、矿产资源开发方式的多样性、工业科技创新与数字化矿山等方面进行规划设计，将以先进理念建设世界一流的智慧矿山、绿色矿山[1]；同时，最大限度实现资源就地转化及产业链延伸，推动落实攀枝花市工业强市战略和做强钢铁钒钛产业生态圈总体部署，努力为地方经济社会发展做出贡献[2]。当然，除了攀西地区，我国其他地区也存在大量的钛资源，如河北承德地区的钛资源储量位居国内第 2 位。我国最大钒钛磁铁矿基地攀钢钒钛磁铁矿选矿产品的化学成分如表 2.1[12] 所示。

表 2.1　攀钢钒钛磁铁矿原矿及精矿质量分数　　　　单位: %

原矿								
∑Fe	V_2O_5	TiO_2	Al_2O_3	SiO_2	CaO	MgO	S	P
56.72	1.74	13.60	4.19	2.78	0.048	1.03	0.012	0.036

精矿								
∑Fe	Fe_2O_3	FeO	Al_2O_3	V_2O_5	TiO_2	SiO_2	CaO	MgO
64	56.2	32.7	0.68	1.47	7.61	1.13	0.16	0.435

2.1.1.2　国外钒钛磁铁矿资源分布

国外钒钛磁铁矿资源主要分布于俄罗斯、南非、美国等国家。早期，芬兰、加拿大等国对钒钛磁铁矿的提取技术展开了研究，并由此拉开了钒钛磁铁矿资源综合利用的序幕[6]。俄罗斯的钒钛磁铁矿储量约为全世界的50%，钛磁铁矿种类40多种，丰富的钒钛磁铁矿资源保障了俄罗斯的内部需求进而实现了对外出口，俄罗斯在钒钛磁铁矿资源处理方面也是实行钒、钛、铁全方面的回收利用[13]。世界钒钛磁铁矿储量分布如表2.2所示。

表 2.2　世界钒钛磁铁矿储量分布

国家	储量/万 t	储量比例/%	储量名次	储量基础/万 t	储量基础比例/%	储量基础名次
南非	86.17	19.79	2	780.02	47.01	1
俄罗斯	263.03	60.42	1	408.15	24.60	2
美国	16.78	3.85	4	217.68	13.12	3
中国	60.77	13.96	3	163.26	9.84	4
新西兰	—	—	—	27.21	1.64	5
澳大利亚	3.17	0.73	5	24.49	1.48	6
世界统计	435.36	100.00	—	1659.18	100.00	—

2.1.2　钒钛冶炼渣中钛的应用简介

2.1.2.1　钛的应用领域

钛是一种稀有轻金属，其被称为稀有金属的原因在于它在自然界中有独立矿床，多与钒、铁等资源形成伴生、共生矿床，且钛资源分布较为分散，因此钛资源的提取比较困难。因其具有强度高、耐蚀性好、耐强性强、质量小等特点，从钛合金材料在20世纪50年代研制成功后，含钛合金材料被广泛应用于国民经济建设、国防建设等领域[14]。将钒或钛加入钢中，可以提高钢的综合性能，例如钢的刚性、焊接性和加工性能，以及一些强度指标(屈服强度、抗拉强度)都会得到大幅度的提升[15]。钒钛微合金钢,可使得钢筋的品质从二级钢筋提到三级或者更高的级别。最早将钛合金运用到军事领域的主要有美国和俄罗斯等军事强国,以美国为例,美国空军早在1959年就秘密研制了"全钛飞机",其钛合金使用量占机身量的95%。到了21世纪,美国军用飞机的钛合金使用量占整个飞机领域所用钛合金的41%~70%。在陆军方面,钛合金材料在火炮上的应用也很成功。由于其具有的特性,钛合金材料在海军方面的运用也很广泛[16]。经过不断的发展,我国已经形成了较为完整的钛合金应用体系,能够满足舰艇、潜艇、深潜器及航天航空等不同领域的要求[15]。

2.1.2.2 钛资源未来应用发展趋势

2020年初,世界的经济情况受到了严重的冲击,导致了各个行业对钛材料的需求量有所下降,但是我国钛工业所受的影响程度较低,产量稳步增加。据统计[17],2016—2020年,我国钛产量从49483 t增加到97029 t,年均增速为18.23%。就全球钒钛消费结构来看,航天航空领域占据了46%(图2.1),而国内钒钛材料消费在航空航天领域仅占据了15%(图2.2),这与全球相比在结构上存在很大的差异,说明国内的航天航空领域在钛材料的应用仍有较大的提升空间。

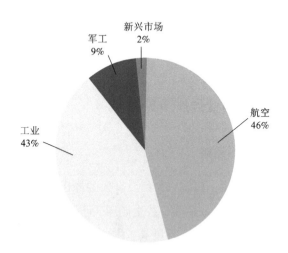

图2.1 全球钒钛消费结构

但是从目前的情况来看，在钛提取的过程中存在着许多的问题。如何尽快解决这些问题，维护国家钛资源安全，是保障我国钛产业健康发展的一项重要工作。相信在不久的将来，更好的钛材料和更先进的技术会陆续在中国军事工业及新兴市场中得到应用，打造出性能更加优良的武器，增强人民军队的战斗力。所以，本章根据近年来钛产业方面的数据和资料，并结合当前我国钛行业的形势，对含钛资源的浸出工艺参数进行优化。

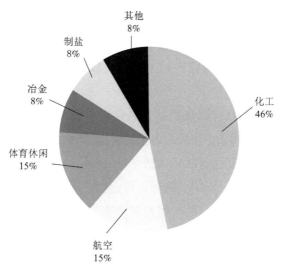

图 2.2　中国钒钛消费结构

2.1.3　钒钛冶炼渣提钛工艺研究现状

为了从攀钢钒钛磁铁矿冶炼渣中提取大量有价值的钛资源，国内外科技工作者进行了大量的研究工作。目前从含钛矿物资源中提钛主要有火法提取和湿法提取两种工艺，依据各自的原理不同，分别来提取冶炼渣中的钛元素，依据工艺之间的相互组合，实现对钒钛磁铁矿冶炼渣的综合利用[18, 19]。

2.1.3.1　火法提钛工艺研究现状

针对攀钢含钛冶炼渣的特点，可以采用高温碳化-低温选择性氯化、合金化提取和选择性析出分离技术来分别提取冶炼渣中的钛资源。

张荣禄[20]于 1990 年提出依据熔渣的物理性质来提取矿物中的钛，即将含钛冶炼渣(熔融状)转移到1600~1800℃的密闭电炉中与碳进行混合加热反应，将出炉液态熔融冶炼渣作为原料，根据熔渣物理性质，利用流化床传热快等特性来提高工艺生产的能力。其基本工艺流程为：将反应后得到的冶炼渣(液态)于自然环境中进行自然冷却，随后将自然冷却的冶炼渣(固态)进行破碎、细磨后，于500℃左右时通入氯气在流化床中进行氯化，最后经除尘冷凝便可得到粗的氯化钛产品与氯化渣。研究结果表明，在最佳的提取工艺条件下密闭电炉中钛的碳化率为90%以上，流化床中钛的氯化率为85%以上。但是该工艺存在电消耗量过高(在总成本中占据80%)，同时反应放出了大量的热不能得到充分利用等缺点。该工艺的后续发展方向为节能降耗，所以高温碳化-低温选择性氯化工艺方法为冶炼渣中钛等有价金属的资源化利用提供了新的发展方向。

隋智通等[21]根据钛可以在高温下氧化这一性质，使冶炼渣中的含钛组分选择性富集到钙钛矿相中，并且提出了冶炼渣选择性析出分离技术。该工艺的技术核心在于：优化高温氧化冶炼渣的冷却速度，从而使炉渣中的含钛组分(钙钛矿相)选择性析出、长大，随后采用选矿分离处理技术达到含钛冶炼渣中钙钛矿相的选择性分离的目的。研究结果表明，得到的精矿中TiO_2质量分数高达45%，剩余的尾矿还可以用于建筑等行业，资源得到充分利用的同时也减少了废弃物对环境的污染。

2.1.3.2　湿法浸出提取钛工艺研究现状

湿法浸出提取钛主要是指采用酸性或碱性浸出剂对含钛冶炼渣进行氧化还原浸出等过程，从而使矿物资源中的金属钛资源以离子形态进入溶液。目前，湿法浸出提取钛的主要方法包含硫酸法和盐酸法。

(1)硫酸法。

硫酸浸出含钛冶炼渣是将渣中的TiO_2通过浸出反应转化为$TiOSO_4$，然后经过滤、水解、高温煅烧得到钛白粉[22, 23]。但是硫酸法存在一些不足：生产效率低、硫酸消耗量比较大，对硫酸的回收处理比较困难，且对环境造成了污染。

薛鑫等[24]对影响钛浸出率的因素进行了实验，主要研究了浸出剂硫酸的浓度、浸出时间和酸渣比(硫酸与冶炼渣的质量比)等因素的影响，在硫酸质量分数为85%、酸渣比为1.8~2.2、反应时间为40 min时浸出含钛冶炼渣，浸出结束后在温度为 60℃ 的恒温条件下固化 4 h，固化后加水浸取，浸出硫酸质量浓度为 50 g/L、浸出时间为 8 h、温度为 50℃，在此条件下的钛酸解率可以超过 90%，在最佳的提取工艺参数条件下，最后煅烧得到的 TiO_2 品位超过 98%。

（2）盐酸法。

根据 TiO_2 不易溶于盐酸的这一特性，研究人员使用盐酸除杂并富集 TiO_2，为盐酸法净化除去钛矿石中杂质的研究指明新的发展方向[25]。

熊付春等[26]考察了盐酸法对钛浸出率的影响，主要研究了浸出温度、浸出时间、浸出剂盐酸的浓度等因素的影响。在温度 80℃、盐酸浓度 7 mol/L、浸出时间 6 h 的最佳工艺参数条件下，冶炼渣中 TiO_2 质量分数从 19% 升至 41%，根据盐酸易挥发的特性可实现酸浸废液中盐酸的循环利用。

熊瑶等[27]在熊付春等人研究成果的基础上进一步优化了提取工艺，采用一种边磨、边浸出的方法来进行实验，在此方法下，钛的浸出率超过了 72%，对含钛高炉渣中钛等有价金属的提取效果有明显的提高。

（3）其他提钛方法。

NaOH 熔融焙烧–水浸提钛和硫酸铵熔融焙烧法也可以实现富集钛或者提取钛的目的[22]，但是这两种方法的成本比较高、能耗大、技术达不到目标，且很难实现工业化的应用，因而未被推行。

综上所述，火法工艺处理钒钛磁铁矿冶炼渣存在反应平衡时间长、反应温度高、电消耗量大、生产成本高、有价金属回收率低、环境污染大等问题，限制了其在工业上的应用；湿法提钛中的硫酸法存在生产效率低、硫酸消耗量比较大，以及对硫酸的回收和循环利用比较困难，而且还会对环境造成污染等一系列问题，在工业生产中没能得到广泛运用。

从对钛的综合回收利用状况来看，采用盐酸法提取冶炼渣中的钛在许多方面存在着优势。首先，盐酸法在实验操作中相对于其他方法来说具有流程短、步骤简单等优点；其次，盐酸法在设备投资方面小、生产要素成本可控、能耗低及金属提取率高、浸出剂盐酸可实现循环综合利用、环境污染小等方面的优势强于其他钛的提取方法[28, 30]。基于此，本章将对机械活化后钒钛磁铁矿冶炼渣的盐酸浸出工艺进行研究，从而优化钒钛磁铁矿冶炼渣盐酸浸出工艺参数，以期为钒钛磁铁矿冶炼渣中有价金属的高效综合回收提供理论和实验支撑。

2.1.4 本章的研究意义与内容

2.1.4.1 研究意义

攀钢的钒钛磁铁矿冶炼渣中含丰富的钛资源,占据着攀钢地区总钛资源的50%左右。近年来,攀钢钒钛磁铁矿资源保有储量为93.933亿t,预测储量为117.75亿t,造成了大量钛资源的堆积[31]。这一方面导致了土地资源无法灵活使用,另一方面也对战略性资源钛造成了损失并对环境造成了一定的影响。综合开发利用低品位矿、尾矿、废渣中的含钛资源,将其"变废为宝",在环境保护和经济效益等方面都能获得巨大的提高[25],也是未来钛冶金的必然发展趋势。

2.1.4.2 研究内容

本章主要是研究采用合适的酸溶液(主要为盐酸)对未活化钒钛磁铁矿冶炼渣、不同活化条件下得到的活化后钒钛磁铁矿冶炼渣,以及在最佳活化条件下得到的钒钛磁铁矿冶炼渣进行浸出。综合考虑浸出时间、浸出温度、盐酸质量分数、搅拌强度及液固比对其中有价金属钛浸出率的影响,从而获得最佳的盐酸浸出工艺参数,并将浸出工艺参数反馈至机械活化阶段,指导机械活化工艺的优化,强化机械活化后钒钛磁铁矿冶炼渣浸出过程,为钒钛磁铁矿冶炼渣的综合回收利用奠定理论和实验基础。浸出实验详细实验参数如表2.3所示。

①选择攀枝花钒钛磁铁矿冶炼渣作为实验原料;

②将钒钛磁铁矿冶炼渣进行破碎、研磨、筛分、机械活化;

③研究浸出时间(min)对钛浸出行为的影响:(40 min、80 min、120 min、160 min、200 min);

④研究浸出温度(℃)对钛浸出行为的影响:(40℃、60℃、80℃、100℃、120℃、140℃);

⑤研究盐酸质量分数(%)对钛浸出行为的影响:(20%、30%、40%、50%、60%);

⑥研究液固比对钛浸出行为的影响:(60∶1、80∶1、100∶1、120∶1、140∶1);

⑦研究搅拌强度(r/min)对钛浸出率的影响:(200 r/min、400 r/min、600 r/min、800 r/min、1000 r/min);

⑧借助 XRD、激光粒度分析仪等分析手段检测冶炼渣的成分含量；

⑨根据浸出率公式：钛浸出率(%) = $\dfrac{浸出液中元素总质量}{渣中元素总质量} \times 100\%$；

⑩通过计算出的浸出率对比实验数据确定最佳的浸出工艺条件；

⑪分析对比钒钛磁铁矿冶炼渣机械活化前、后钛浸出率的差异。

表 2.3　浸出实验详细实验参数

浸出温度/℃	40	60	80	100	120	140
其他浸出条件	浸出时间 120 min、搅拌强度 600 r/min、液固比 100∶1、盐酸质量分数 40%					
盐酸质量分数/%	20	30	40	50	60	
其他浸出条件	浸出时间 120 min、搅拌强度 600 r/min、液固比 100∶1、浸出温度 100℃					
搅拌强度 /(r·min⁻¹)	200	400	600	800	1000	
其他浸出条件	浸出时间 120 min、盐酸质量分数 50%、液固比 100∶1、浸出温度 100℃					
浸出时间/(min)	40	80	120	160	200	
其他浸出条件	搅拌强度 600 r/min、盐酸质量分数 50%、液固比 100∶1、浸出温度 100℃					
液固比	60∶1	80∶1	100∶1	120∶1	140∶1	
其他浸出条件	浸出时间 120 min、搅拌强度 600 r/min、盐酸质量分数 50%、浸出温度为 100℃					

2.2　实验部分

2.2.1　实验原料

此次实验所用的原料为攀钢集团有限公司钒钛磁铁矿冶炼渣，主要化学组分质量分数如表 2.4 所示，据表可知，冶炼渣中钙、钛、硅、铝、铁相对含量较高，其中还含微量钾、氯、锶、锆等元素。根据 XRD 图（图 2.3）可知，钒钛磁铁矿中的主要物相组成为钙钛矿（$CaTiO_3$），另外还含有少量的钛透辉石和铝镁尖晶石。

表 2.4　攀钢集团有限公司钒钛磁铁矿冶炼渣（XRF）

组分	质量分数/%	组分	质量分数/%
CaO	33.3	MnO	1.10
TiO_2	31.0	SO_3	1.02
SiO_2	16.5	K_2O	0.654
Al_2O_3	7.63	Cl	0.281
Fe_2O_3	5.70	SrO	0.0963
MgO	1.33	ZrO_2	0.0618
V_2O_5	1.32		

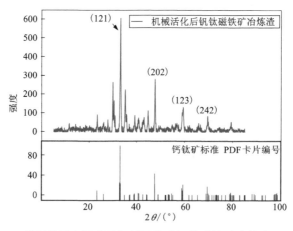

图 2.3　攀钢集团有限公司机械活化后钒钛磁铁矿冶炼渣 XRD 图

2.2.2　实验原理

用盐酸溶液作为浸出剂处理钒钛磁铁矿冶炼渣，冶炼渣中的有价金属钛等以离子的形态进入浸出液。浸出过程中的主要反应为[32]：

$$CaTiO_3+4HCl \Longrightarrow TiOCl_2+2H_2O+CaCl_2 \qquad (2-1)$$

$$CaO+2HCl \Longrightarrow CaCl_2+H_2O \qquad (2-2)$$

$$MgO+2HCl \Longrightarrow MgCl_2+H_2O \qquad (2-3)$$

$$Al_2O_3+6HCl \Longrightarrow 2AlCl_3+3H_2O \qquad (2-4)$$

$$Fe_2O_3+6HCl \Longrightarrow 2FeCl_3+3H_2O \qquad (2-5)$$

2.2.3　实验仪器及设备

钒钛磁铁矿冶炼渣盐酸浸出实验的主要仪器及设备如表 2.5 所示。

表 2.5　主要仪器及设备

主要仪器设备名称	型号	生产单位
密封式制样粉碎机	3MZ-100	南昌市力源矿冶设备有限公司
行星式球磨机	PM2L	卓的仪器设备(上海)有限公司
电热鼓风干燥箱	101-2A	天津市滨海新区大港红杉实验设备厂
电子天平	JB2002	上海蒲春计量仪器有限公司
磁力搅拌器	DF-101S	上海聚昆仪器设备有限公司
三颈烧瓶	500 mL	北京欣维尔玻璃仪器有限公司
烧杯	100 mL/500 mL	北京欣维尔玻璃仪器有限公司
容量瓶	100 mL	北京欣维尔玻璃仪器有限公司
移液管/量筒	1 mL/10 mL/25 mL	北京欣维尔玻璃仪器有限公司
冷凝管	球形 500 mm×24 mm×24 mm	北京欣维尔玻璃仪器有限公司
水银温度计	0~200℃	匡建仪表 WNG

2.2.4　实验过程

钒钛磁铁矿冶炼渣盐酸浸出钛的实验步骤如下。

(1)破碎。

采用颚式破碎机将攀钢钒钛磁铁矿冶炼渣进行破碎，然后用密封式制样粉碎机将冶炼渣粉碎为 74~125 μm(120~200 目)大小的渣。

（2）机械活化。

选用经破碎后的冶炼渣为原料，在最佳的机械活化条件下，即活化球料比为 15∶1、机械活化时间为 170 min、机械活化转速为 400 r/min 的条件下，称取一定量钒钛磁铁矿冶炼渣置于行星式球磨机的不锈钢罐中进行机械活化，待活化结束后取出进行料球分离，得到活化后的冶炼渣用于浸出工艺优化实验。

（3）盐酸浸出。

首先移取一定量的浓盐酸置于 500 mL 的容量瓶中分别配置质量分数为 20%、30%、40%、50% 和 60% 的盐酸溶液，之后加入量取一定体积配置好的盐酸溶液置于 500 mL 的圆底三颈烧瓶，并在恒温油浴锅内加热，待三颈烧瓶内温度升到设定值（40℃、60℃、80℃、100℃、120℃、140℃），按特定的液固比（60∶1、80∶1、100∶1、120∶1、140∶1）将机械活化后的钒钛磁铁矿冶炼渣加入三颈烧瓶中，启动顶置搅拌器进行浸出（搅拌强度为 200 r/min、400 r/min、600 r/min、800 r/min、1000 r/min），浸出一定的时间（40 min、80 min、120 min、160 min、200 min）。为防止温度过高导致浸出液的挥发，实验过程中采用回流浸出。浸出装置示意图如图 2.4 所示。

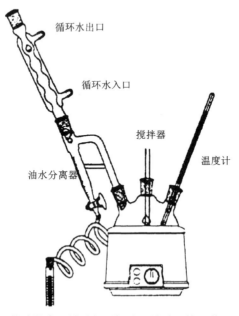

图 2.4　盐酸浸出机械活化后钒钛磁铁矿冶炼渣装置示意图

（4）液固分离。

浸出反应完成后，趁热过滤，将浸出液和浸出渣进行分离，浸出渣和浸出液储存用于后续的分析检测。

（5）浸出液稀释。

用 1 mL 移液管移取 1 mL 浸出液置于 100 mL 的容量瓶中，定容摇匀，随后测定浸出液中钛的含量，最后进行实验数据整理及图标绘制。

2.2.5　检测方法

ICP-OES 以高频电感耦合等离子体作为激发光源的分子发射光谱法，主要通过研究试样物中气态分子之间原子（或离子）被激发以后，其外层电子由激发态返回到基态时，辐射跃迁所放射的特征辐射能（不同的光谱）来研究样品中化学成分和含量。本章中浸出液中钛含量均采用 ICP-OES 进行测定，测试仪器如图 2.5 所示。

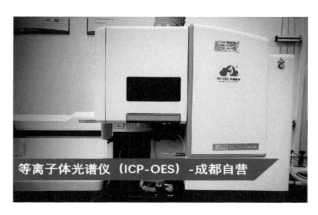

图 2.5　等离子体光谱仪（ICP-OES）

2.3 实验结果与讨论

2.3.1 温度对活化后钒钛磁铁矿冶炼渣中钛浸出率的影响

以机械活化后的钒钛磁铁矿冶炼渣为浸出原料，恒定浸出时间为 120 min、搅拌强度为 600 r/min、液固比为 100∶1、盐酸质量分数为 40% 的条件下，改变浸出温度(分别为 40℃、60℃、80℃、100℃、120℃、140℃)，探究不同浸出温度对机械活化后钒钛磁铁矿冶炼渣中钛浸出率的影响，其结果如图 2.6 和表 2.6 所示。

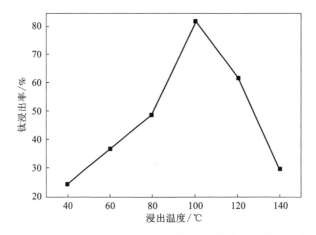

图 2.6 浸出温度对机械活化后钒钛磁铁矿冶炼渣中钛浸出率的影响

表 2.6 不同浸出温度条件下机械活化后钒钛磁铁矿冶炼渣中钛浸出率

浸出温度 /℃	浸出液体积 /mL	浸出液总稀释倍数	原料中钛质量分数/%	原料用量 /g	钛浸出率 /%
40	196	50	13.604	2	24.53
60	191	50	13.604	2	36.84
80	185	50	13.604	2	47.79

续表2.6

浸出温度 /℃	浸出液体积 /mL	浸出液总 稀释倍数	原料中钛 质量分数/%	原料用量 /g	钛浸出率 /%
100	170	50	13.604	2	81.53
120	140	50	13.604	2	61.81
140	20	50	13.604	2	29.78

由图 2.6 和表 2.6 可知，采用盐酸浸出机械活化后钒钛磁铁矿冶炼渣中钛浸出率随浸出温度的升高先增加后降低。当浸出温度由 40℃升到 100℃时，钛的浸出率由 24.53%提高到 81.53%，由此可得出一定范围的温度升高可以促进冶炼渣中钛的浸出：由于温度升高，反应体系中的分子热运动加剧，分子扩散速度加快，因此钛浸出率增加。但当浸出温度达到 100℃继续升高温度时，可以看出钛的浸出率随温度的升高呈急剧下降的趋势，可能是由于过高的温度导致物相中的水分蒸发，从而增大了浸出矿浆的黏度[32]，同时温度升高盐酸也大量挥发，而盐酸挥发会导致已经浸出的钛又水解形成偏钛酸沉淀进入浸出渣（反应方程式为 $TiOCl_2 + 2H_2O \Longrightarrow 2HCl + H_2TiO_3$）。因此，本章中选择 100℃为最佳的浸出温度。

2.3.2　盐酸浓度对活化后钒钛磁铁矿冶炼渣中钛浸出率的影响

以机械活化后钒钛磁铁矿冶炼渣为浸出原料，恒定浸出时间为 120 min、搅拌强度为 600 r/min、液固比为 100∶1、浸出温度为 100℃的条件下，改变盐酸质量分数（分别为 20%、30%、40%、50%、60%），探究不同盐酸质量分数对机械活化后钒钛磁铁矿冶炼渣中钛浸出率的影响，其结果如图 2.7 和表 2.7所示。

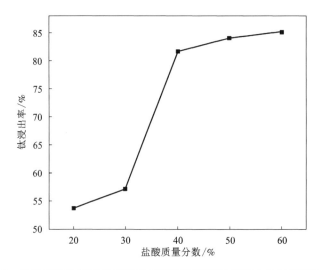

图 2.7   盐酸质量分数对机械活化后钒钛磁铁矿冶炼渣中钛浸出率的影响

表 2.7   不同盐酸质量分数条件下机械活化后钒钛磁铁矿冶炼渣中钛浸出率

盐酸质量分数/%	浸出液体积/mL	浸出液总稀释倍数	原料中钛质量分数/%	原料用量/g	钛浸出率/%
20	180	100	13.604	2	53.71
30	175	100	13.604	2	57.19
40	196	100	13.604	2	81.53
50	197	100	13.604	2	83.90
60	180	100	13.604	2	84.97

从图 2.7 和表 2.7 可以看出，钛的浸出率随盐酸质量分数的增加呈先增加后趋于平缓的趋势。在盐酸质量分数为 20%~30% 时，钛的浸出率增加幅度较缓慢；在盐酸质量分数为 30%~50% 时，钛的浸出率增加幅度迅速增加；国当盐酸质量分数达到 50% 时，此时钛的浸出率达到了 83.90%；之后，随着盐酸质量分数的增加，钛的浸出率在逐渐增加，但增加幅度明显减小，且浓度过高也难循环再利用，同时会增加设备防腐成本[33]。综合考虑，本章选择最佳的盐酸质量分数为 50%。

2.3.3　搅拌强度对活化后钒钛磁铁矿冶炼渣中钛浸出率的影响

以机械活化后的钒钛磁铁矿冶炼渣为浸出原料，恒定浸出时间为 120 min、盐酸质量分数为 50%、液固比为 100∶1、浸出温度为 100℃的条件下，改变搅拌强度(分别为 200 r/min、400 r/min、600 r/min、800 r/min、1000 r/min)，探究不同搅拌强度对机械活化后钒钛磁铁矿冶炼渣中钛浸出率的影响，其结果如图 2.8 和表 2.8 所示。

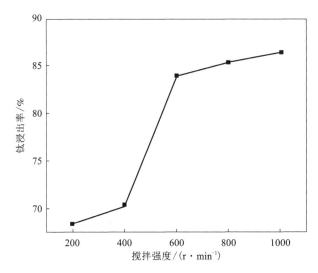

图 2.8　搅拌强度对机械活化后钒钛磁铁矿冶炼渣中钛浸出率的影响

表 2.8　不同搅拌强度条件下机械活化后钒钛磁铁矿冶炼渣中钛浸出率

搅拌强度 /(r·min⁻¹)	浸出液 体积/mL	浸出液总 稀释倍数	原料中钛 质量分数/%	原料用量 /g	钛浸出率 /%
200	175	100	13.604	2	68.31
400	180	100	13.604	2	70.13
600	197	100	13.604	2	83.90
800	175	100	13.604	2	85.43
1000	180	100	13.604	2	86.48

从图 2.8 和表 2.8 可以看出，钛浸出率随搅拌强度的增加呈先增加后降低的趋势，当搅拌强度在 200~400 r/min 时，钛浸出率增加得缓慢；当搅拌强度在 400~600 r/min 时，钛的浸出率急剧增加，且在 600 r/min 时几乎达最大浸出率 83.90%；当搅拌强度超过 600 r/min，继续增大搅拌强度，此时钛的浸出率增大不明显。当搅拌强度达到一定值以后，这时的浸出反应控制步骤不再是扩散控制，而是化学反应控制，所以继续增大搅拌强度时浸出率几乎没有增加。因此，本章选择最佳的搅拌强度为 600 r/min。

2.3.4　浸出时间对活化后钒钛磁铁矿冶炼渣中钛浸出率的影响

以机械活化后钒钛磁铁矿冶炼渣为浸出原料，恒定搅拌强度为 600 r/min、盐酸质量分数为 50%、液固比为 100∶1、浸出温度为 100℃ 的条件下，改变浸出时间(分别为 40 min、80 min、120 min、160 min、200 min)，探究不同浸出时间对机械活化后钒钛磁铁矿冶炼渣中钛浸出率的影响，其结果如图 2.9 和表 2.9 所示。

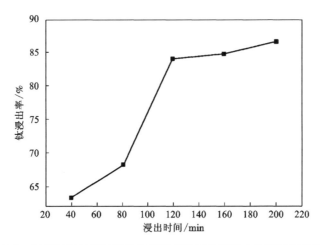

图 2.9　浸出时间对机械活化后钒钛磁铁矿冶炼渣中钛浸出率的影响

表 2.9　不同浸出时间条件下机械活化后钒钛磁铁矿冶炼渣中钛浸出率

浸出时间 /min	浸出液 体积/mL	浸出液总 稀释倍数	原料中钛 质量分数/%	原料用量 /g	钛浸出率 /%
40	195	100	13.604	2	63.24
80	185	100	13.604	2	68.25
120	197	100	13.604	2	83.90
160	185	100	13.604	2	84.75
200	192	100	13.604	2	86.66

从图 2.9 和表 2.9 可以看出,随着浸出时间的增大,机械活化后钒钛磁铁矿冶炼渣中钛浸出率整体呈先增加后趋于平缓的趋势。当浸出时间为 40～80 min 时,钛浸出率随时间变化的趋势增长缓慢;当浸出时间为 80～120 min 时,钛浸出率迅速达到 83.90%;当浸出时间达到 120 min,继续增加浸出时间,钛浸出率变化不大。因此,综合考虑生产效率和成本的因素,本章选择最佳的浸出时间为 120 min。

2.3.5　液固比对活化后钒钛磁铁矿冶炼渣中钛浸出率的影响

以机械活化后钒钛磁铁矿冶炼渣为浸出原料,恒定搅拌强度为 600 r/min、盐酸质量分数为 50%、浸出时间为 120 min、浸出温度为 100℃的条件下,改变液固比(分别为 60∶1、80∶1、100∶1、120∶1、140∶1),探究不同液固比对机械活化后钒钛磁铁矿冶炼渣中钛浸出率的影响,其结果如图 2.10 和表 2.10 所示。

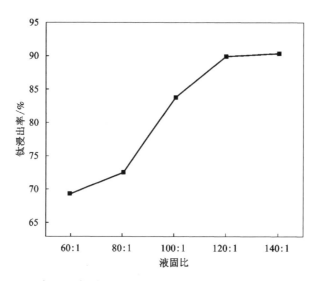

图 2.10 液固比对机械活化后钒钛磁铁矿冶炼渣中钛浸出率的影响

表 2.10 不同液固比条件下机械活化后钒钛磁铁矿冶炼渣中钛浸出率

液固比	浸出液体积/mL	浸出液总稀释倍数	原料中钛质量分数/%	原料用量/g	钛浸出率/%
60∶1	280	100	13.604	2	69.54
80∶1	235	100	13.604	2	72.65
100∶1	197	100	13.604	2	83.90
120∶1	235	100	13.604	2	90.07
140∶1	270	100	13.604	2	90.49

由图 2.10 和表 2.10 可知，随着液固比的增加，钛的浸出率呈先增加后降低的趋势，其中在液固比为 120∶1 时钛的浸出率达到最大浸出效果 90.07%。但当液固比达到 120∶1，继续增加液固比，钛浸出率增大不明显。这是由于当液固比较低时，矿浆黏度较大，阻碍了浸出剂盐酸分子向冶炼渣表面扩散，增大液固比，迅速降低了黏度，此时若增大液固比，钛浸出率迅速增大。当液固比超过一定值，矿浆被稀释，减少了浸出剂分子与冶炼渣之间的接触和碰撞，因而钛浸出率增大趋势显著减缓。因此，本章中选择最佳的浸出液固比为

120∶1。

通过机械活化后钒钛磁铁矿冶炼渣和未活化钒钛磁铁矿冶炼渣分别在最佳浸出条件(即浸出时间为 120 min、浸出温度为 100℃、浸出搅拌强度为 600 r/min、盐酸质量分数为 50%、液固比为 120∶1),机械活化后钒钛磁铁矿的钛浸出率达到 90.07%,而未活化钒钛磁铁矿的钛浸出率仅为 34.19%(表 2.11),结果表明机械活化可以显著提高钒钛磁铁矿冶炼渣中的钛浸出率。

表 2.11　最佳浸出条件下钒钛磁铁矿冶炼渣机械活化前、后钛浸出率

浸出样品	浸出液体积/mL	浸出液总稀释倍数	原料中钛质量分数/%	原料用量/g	钛浸出率/%
未活化	235	100	13.604	2	34.19
机械活化后	235	100	13.604	2	90.07

2.3.6　活化时间对钒钛磁铁矿冶炼渣中钛浸出率的影响

在最佳的浸出条件下,即浸出时间为 120 min、浸出温度为 100℃、浸出搅拌强度为 600 r/min、盐酸质量分数为 50%、液固比为 120∶1,对活化转速为 400 r/min、活化球料比为 15∶1 的条件下活化不同时间的钒钛磁铁矿冶炼渣进行盐酸浸出,考察不同机械活化时间对钒钛磁铁矿冶炼渣中钛浸出率的影响,结果如图 2.11 和表 2.12 所示。

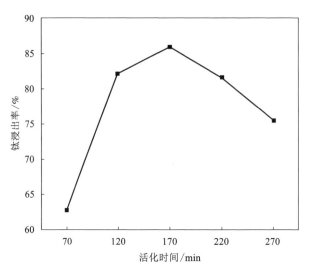

图 2.11　活化时间对钒钛磁铁矿冶炼渣中钛浸出率的影响

表 2.12　不同活化时间条件下钒钛磁铁矿冶炼渣中钛浸出率

活化时间 /min	浸出液 体积/mL	浸出液总 稀释倍数	原料中钛 质量分数/%	原料用量 /g	钛浸出率 /%
70	225	100	13.604	2	62.84
120	225	100	13.604	2	82.22
170	237	100	13.604	2	85.94
220	221	100	13.604	2	81.59
270	230	100	13.604	2	75.65

　　由图 2.11 和表 2.12 可知，随着机械活化时间的增加，钛的浸出率先增大随后逐渐减小。当活化时间为 170 min 时，钛的浸出率达到最大值85.94%。此后当机械活化时间继续增加，钛浸出率出现下降趋势，出现这种情况可能是随着机械活化时间的增加，冶炼渣颗粒粒度太小，增大了浸出矿浆的黏度，阻碍了浸出剂 HCl 分子向冶炼渣表面扩散，从而导致钛浸出率的降低。因此，根据机械活化后钒钛磁铁矿冶炼渣中钛浸出率随活化时间的变化关系，最佳的机械活化时间应为 170 min。

2.3.7　活化转速对钒钛磁铁矿冶炼渣中钛浸出率的影响

在最佳的浸出条件下，即浸出时间为 120 min、浸出温度为 100℃、浸出搅拌强度为 600 r/min、盐酸质量分数为 50%、液固比为 120∶1，对活化时间为 170 min、活化球料比为 15∶1 的条件下，对不同活化转速的钒钛磁铁矿冶炼渣进行盐酸浸出，考察不同机械活化转速对冶炼渣中钛浸出率的影响，结果如图 2.12 和表 2.13 所示。

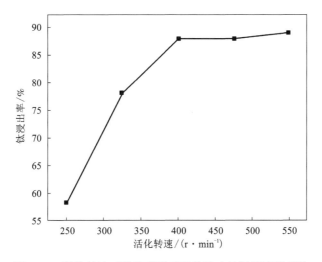

图 2.12　活化转速对钒钛磁铁矿冶炼渣中钛浸出率的影响

表 2.13　不同活化转速条件下钒钛磁铁矿冶炼渣中钛浸出率

活化转速 /(r·min⁻¹)	浸出液 体积/mL	浸出液总 稀释倍数	原料中钛 质量分数/%	原料用量 /g	钛浸出率 /%
250	220	100	13.604	2	58.41
325	237	100	13.604	2	78.10
400	235	100	13.604	2	87.86
475	220	100	13.604	2	88.01
550	220	100	13.604	2	89.04

从图 2.12 和表 2.13 可以看出，随着活化转速的增加，钛浸出率也在不断

增加。当活化转速达到 400 r/min 时，钛的浸出率达到 87.86%；此后继续增大活化转速，钛浸出率变化不大。因此，根据机械活化后钒钛磁铁矿冶炼渣中钛浸出率随活化转速的变化关系，综合考虑生产效率，本章选择最佳活化转速为 400 r/min。

2.3.8 活化球料比对钒钛磁铁矿冶炼渣中钛浸出率的影响

在最佳的浸出条件下，即浸出时间为 120 min、浸出温度为 100℃、浸出搅拌强度为 600 r/min、盐酸质量分数为 50%、液固比为 120∶1，对活化时间为 170 min、活化转速为 400 r/min 的条件下，对不同活化球料比的钒钛磁铁矿冶炼渣进行盐酸浸出，考察不同活化球料比对冶炼渣中钛浸出率的影响，结果如图 2.13 和表 2.14 所示。

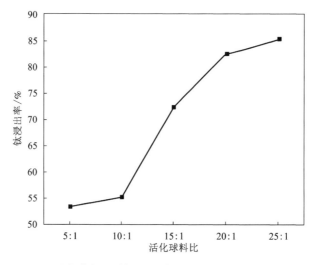

图 2.13 活化球料比对钒钛磁铁矿冶炼渣中钛浸出率的影响

表 2.14 不同活化球料比条件下钒钛磁铁矿冶炼渣中钛浸出率

活化球料比	浸出液体积 /mL	浸出液总稀释倍数	原料中钛质量分数/%	原料用量 /g	钛浸出率 /%
5∶1	224	100	13.604	2	53.57
10∶1	230	100	13.604	2	55.25

续表2.14

活化球料比	浸出液体积 /mL	浸出液总 稀释倍数	原料中钛 质量分数/%	原料用量 /g	钛浸出率 /%
15：1	225	100	13.604	2	72.33
20：1	225	100	13.604	2	82.22
25：1	219	100	13.604	2	85.13

从图 2.13 和表 2.14 可以看出，随着活化球料比增加，钛浸出率也在不断增加。在球料比达到 20：1 时，钛的浸出率达到 82.22%；此后继续增加球料比，钛的浸出率趋于平缓。因此，根据机械活化后钒钛磁铁矿冶炼渣中钛浸出率随活化球料比的变化关系，本章选择最佳的活化球料比为 20：1。

2.3.9　机械活化后钒钛磁铁矿冶炼渣中钛浸出动力学研究

以机械活化后钒钛磁铁矿冶炼渣为浸出原料，在最佳浸出条件(即浸出温度为 100 ℃，浸出搅拌强度为 600 r/min，盐酸质量分数为 50%，液固比为 120：1)下进行盐酸浸出，探究浸出温度对机械活化后钛浸出率的影响。实验结果如图 2.14 所示。

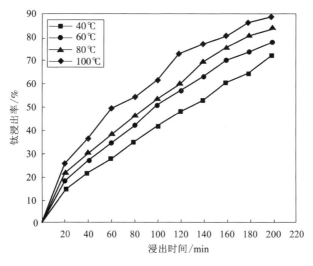

图 2.14　活化温度对钛浸出率的影响

由图 2.14 可知，在同一浸出温度下，随着浸出时间的增加，钛浸出率也在不断地增加。浸出时间为 20~120 min，升高温度，钛的浸出率在不断地增大；浸出时间为 120~180 min，各个反应温度点的浸出率变化不大。在浸出时间超过 180 min，钛浸出率呈下降趋势。所有浸出温度条件下，钛浸出率均随着浸出温度的增大呈增加的趋势。从整体可以看出，浸出温度 100 ℃ 时，钛浸出率最大。

如图 2.15 所示，根据动力学方程 $1-(1-\alpha)^{\frac{1}{3}}=kt$（其中 α 代表钛浸出率）拟合不同浸出温度下的实验数据，这属于收缩模型界面化学控制步骤[34]。在所有评估温度下，拟合线的相关系数（R^2）均大于 0.99，表明线性关系可以很好地满足动力学方程 $1-(1-\alpha)^{\frac{1}{3}}=kt$，这与收缩模型界面化学控制步骤的特点相一致。

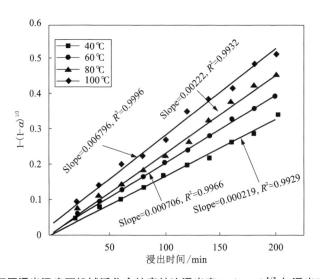

图 2.15　不同浸出温度下机械活化含钛高炉渣浸出率 $1-(1-\alpha)^{1/3}$ 与浸出时间的关系

如图 2.15 所示，速率常数随着浸出温度的升高而增加。根据 Arrhenius 公式 $K=A_0\mathrm{e}^{-\frac{E}{RT}}$，我们可以得到公式 $\ln k=\ln A_0-\dfrac{E}{RT}$ 的自然对数。由于 A_0 和表观活化能 E 都是常数，因此可以用斜率 $-E/RT$ 和截距 $\ln A_0$ 获得直线，如图 2.16 所示。

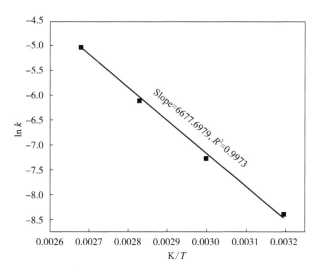

图 1.6 浸出反应速率常数与浸出温度($\ln k-1/T$)的关系

　　直线的相关系数 R^2 为 0.9973，斜率为-6677.6979。因此，根据直线斜率计算的反应表观活化能为 55.52 kJ/mol。据报道，由表面化学反应控制的反应的表观活化能超过 40.0 kJ/mol[35~37]，该值证实了钛浸出率是由化学反应控制的。

2.4 本章小结

本章以机械活化后钒钛磁铁矿冶炼渣为浸出原料，采用盐酸作为浸出剂对其浸出工艺进行优化，得出的结论有以下几点。

①采用盐酸浸出机械活化后钒钛磁铁矿冶炼渣中钛的最佳浸出条件：盐酸质量分数为50%、液固体积质量比为120∶1、浸出温度为100℃、浸出反应时间为120 min。在最佳浸出条件下，钛的浸出率达到90.07%，而未活化钒钛磁矿冶炼渣钛浸出率仅为34.19%，结果表明机械活化可以显著提高钒钛磁铁矿冶炼渣中钛浸出率。

②根据机械活化后钒钛磁铁矿冶炼渣在最佳浸出工艺条件下，即浸出时间为120 min，浸出温度为100℃，浸出搅拌强度为600 r/min，盐酸质量分数为50%，液固比为120∶1，钛浸出率随机械活化时间、机械活化转速和球料比的变化关系，确定最佳机械活化转速、球料比和活化时间应分别为400 r/min、20∶1和170 min。

③通过探究不同浸出温度与盐酸质量分数条件下，钛浸出率随时间的变化关系，可知不同浸出温度条件下，钛浸出率均随着浸出温度的增大呈增加的趋势。从整体可以看出，浸出温度为100 ℃，钛浸出率最大；当盐酸质量分数为30%~50%时，钛浸出率随着盐酸质量分数的增加而增大，而盐酸质量分数超过50%，继续增大盐酸质量分数，钛浸出率反而降低。所有盐酸质量分数条件下，钛浸出率均随着浸出时间的增加而增大。

参考文献

[1] 马静玉，程东波.碳中和愿景下金属矿产行业的挑战与机遇[J].科技导报，2021，39(19)：48-55.

[2] 陈钰什.碳中和背景下的绿色金融科技发展[N].社会科学报，2021-12-02(2).

[3] 许秀娟，杨凤怡，黄皖卿，等.立足行业需求，助力生物材料创新发展[J].材料导报，2022，36(3)：102-108.

[4] 屈鑫乙.攀西地区钒钛磁铁矿开发效率评价研究[D].成都：成都理工大学，2018.

[5] 王帅,郭宇峰,姜涛,等.钒钛磁铁矿综合利用现状及工业化发展方向[J].中国冶金,2016,26(10):40-44.

[6] 王勋,韩跃新,李艳军,等.钒钛磁铁矿综合利用研究现状[J].金属矿山,2019(6):33-37.

[7] 叶恩东,吴轩.攀西钛精矿主要杂质元素赋存状态研究[J].钢铁钒钛,2017,38(4):63-68.

[8] ZHANG Y M, WANG L N, CHEN D S, et al. A method for recovery of iron, titanium, and vanadium from vanadium-bearing titanomagnetite [J]. International Journal of Minerals, Metallurgy, and Materials, 2018, 25(2): 131-144.

[9] 赵国君,申文金,赵祺彬,等.攀西红格矿区钒钛磁铁矿开发利用探讨[J].中国国土资源经济,2018,31(10):36-38.

[10] 吕子虎,赵登魁,程宏伟,等.某钒钛磁铁矿尾矿资源化利用[J].有色金属(选矿部分),2020(1):55-58.

[11] 高阳,刘雨晴,李冠玉,等.四川钛产业现状及可持续发展建议[J].四川有色金属,2016(4):7-9.

[12] 黄云生,齐建云,王明,等.从钒钛磁铁矿中湿法回收钒铁钛试验研究[J].湿法冶金,2021,40(1):10-15.

[13] 王国桥.攀枝花市钛产业发展战略研究[D].成都:电子科技大学,2011.

[14] 欧杨,孙永升,余建文,等.钒钛磁铁矿加工利用研究现状及发展趋势[J].钢铁研究学报,2021,33(4):267-278.

[15] 李永华,张文旭,陈小龙,等.海洋工程用钛合金研究与应用现状[J].钛工业进展,2022,39(1):43-48.

[16] 顾俊,刘钊鹏,徐友钧,等.钛合金及其激光加工技术在航空制造中的应用[J].应用激光,2020,40(3):547-555.

[17] 王雪峰.我国钒钛磁铁矿典型矿区资源综合利用潜力评价研究[D].北京:中国地质大学(北京),2015.

[18] 张利凡,丁满堂,何翠萍,等.含钛高炉渣火法提钛[J].中国资源综合利用,2020,38(10):94-96.

[19] 居殿春,武兆勇,张荣良,等.含钛高炉渣提钛技术研究现状及展望[J].现代化工,2019,39(S1):104-107.

[20] 张荣禄.含钛高炉渣制取四氯化钛的方法:CN1033264A[P].1990-06-20.

[21] 隋智通,郭振中,张力,等.含钛高炉渣中钛组分的绿色分离技术[J].材料与冶金学报,2006,5(2):93-97.

[22] 居殿春, 武兆勇, 张荣良, 等. 含钛高炉渣提钛技术研究现状及展望[J]. 现代化工, 2019, 39(S1): 104-107.

[23] NIE W L, WEN S M, FENG Q C, et al. Mechanism and kinetics study of sulfuric acid leaching of titanium from titanium-bearing electric furnace slag[J]. Journal of Materials Research and Technology, 2020, 9(2): 1750-1758.

[24] 薛鑫, 李万博, 王建伟, 等. 含钛高炉渣钛提取中酸解率影响因素的研究[J]. 金属矿山, 2009(3): 178-181.

[25] 常福增, 赵备备, 李兰杰, 等. 钒钛磁铁矿提钒技术研究现状与展望[J]. 钢铁钒钛, 2018, 39(5): 71-78.

[26] 熊付春, 张超. 盐酸法处理高钛型高炉渣的综合利用[J]. 四川环境, 2013, 32(S1): 12-17.

[27] 熊瑶, 李春, 梁斌, 等. 盐酸浸出自然冷却含钛高炉渣[J]. 中国有色金属学报, 2008, 18(3): 557-563.

[28] 汤贝贝, 朱学军, 邓俊, 等. 盐酸浸出高钛渣收尘灰提钛研究[J]. 广东化工, 2015, 42(3): 11-12.

[29] 张鹏, 刘代俊, 毛雪华, 等. 水淬含钛高炉渣的盐酸浸取研究[J]. 钢铁钒钛, 2012, 33(5): 6-9.

[30] ZHAO L S, LIU Y H, WANG L N, et al. Production of rutile TiO_2 pigment from titanium slag obtained by hydrochloric acid leaching of vanadium-bearing titanomagnetite[J]. Industrial & Engineering Chemistry Research, 2014, 53(1): 70-77.

[31] 伍凌, 陈嘉彬, 钟胜奎, 等. 机械活化-盐酸常压浸出钛铁矿的影响[J]. 中国有色金属学报, 2015, 25(1): 211-219.

[32] 邢相栋, 张建良, 王振阳, 等. 钒钛磁铁矿熔分高钛渣酸浸富集研究[J]. 轻金属, 2015(11): 45-49.

[33] 吴恩辉, 李军, 侯静, 等. 攀西地区钛中矿盐酸常压浸出制备钛精矿探索试验研究[J]. 矿产综合利用, 2019(3): 48-51.

[34] ZHENG F Q, CHEN F, GUO Y F, et al. Kinetics of hydrochloric acid leaching of titanium from titanium-bearing electric furnace slag[J]. JOM: the Journal of the Minerals, Metals & Materials Society, 2016, 68(5): 1-9.

[35] XU S, HUANG Z S. The kinetics of panzhihua ilmenite leaching with sulfuric acid[J]. Mining and Metallurgical Engineering, 1993, 13(1): 44-48.

[36] SOHN H Y, WADSWORTH M E. Rate processes of extractive metallurgy[M]. New York: Plenum Press, 1979: 135-143.

［37］ HABASHI F. Principles of extractive metallurgy, general principles［M］. New York：Gordon and Breach Science Publishers, Inc, 1969：111－169.

第3章

钒钛磁铁矿冶炼渣浸出液中钒钛的
萃取分离工艺研究

金属钛被称为国家安全维护与经济发展的重要资源。近年来，随着绿色、协调、可持续化发展战略的提出，以及国民经济建设和国防建设发展的需要，实现钒钛磁铁矿冶炼渣中的钛资源的资源化高效利用已经成为国家的重要战略发展目标。因此。本章以盐酸浸出机械活化后钒钛磁铁矿冶炼渣的浸出液为研究对象，采用磷酸三丁酯(TBP)与二(2-乙基己基)磷酸(P204)组成的协萃体系(稀释剂为磺化煤油)对浸出液进行钛的萃取工艺优化研究，主要考察了萃取剂总浓度、萃取温度、萃取相比、萃取剂的 TBP 和 P204 的物质的量比、氯离子浓度等因素对钛萃取率的影响，同时采用斜率法对其萃取机理进行了初步的探究。实验结果表明，最佳萃取物质的量比 $n(\text{TBP}):n(\text{P204})=1:4$，最佳的萃取平衡时间、萃取温度、萃取相比和氯离子浓度分别为 20 min、30℃、1:1 和 8 mol/L。而斜率法研究萃取机理表明，萃合物组成可能为 $[\text{TiOCl}_2][\text{HA}]_2[\text{HB}]_2$，其萃取化学反应式可以改写为：$\text{TiO}^{2+}+2\text{HA}+2\text{HB}+2\text{Cl}^- \longrightarrow [\text{TiOCl}_2][\text{HA}]_2[\text{HB}]_2$。

3.1　绪论

3.1.1　前言

我国钒钛磁铁矿的岩体一般分为基性岩(辉长岩)型与基性–超基性岩(辉长岩–辉石岩–辉石)型[1]，基性岩型含钛钒钛磁铁矿主要分布在攀枝花、白马、太和等地区，基性超基性岩类主要分布在红格、新街等地区。它们的地质特征类似，基性岩与基性–超基性岩带部分相似，基性–超基性岩不仅含铁、钛、钒，还含有如铬、钴、镍，以及铂族成分以外的其他元素，且具有极佳的综合利用价值。钛主要来源于钒钛磁铁矿，同时伴生有其他组分的金属，如铁、钒、铬、钴、镍、铂族及钪等金属，综合利用价值高[2]。

但是，现有钒钛磁铁矿冶炼工艺多为高炉法和非高炉法，对钛的提取利用率低。而含钛资源现有的湿法提取工艺，主要分为硫酸浸出工艺与盐酸浸出工艺[3]，后续浸出液的净化、分离富集工艺也存在诸多问题，如现有的工艺萃取体系有 TBP+正癸醇[4]、N1923+异戊醇[5]、D2EHPA+TOPO[6]，存在钛的萃取平衡时间长、萃取率低、价格昂贵等问题。因此，本章采用的 TBP+P204 所组成的协萃体系对机械活化后钒钛磁铁矿冶炼渣盐酸浸出液中钛萃取的工艺进行优化，从而提高钛的萃取率，为实现钒钛磁铁矿冶炼渣中的钛资源的高效资源化奠定实验和理论基础，具有重要的科学意义和应用价值。

3.1.2　国内外的钛资源简介

3.1.2.1　国内钛资源简介

我国钒钛磁铁矿资源丰富，钒钛磁铁矿资源总量约占全球总量的三分之一，钛储量居世界第一，近年来钛工业发展迅猛，产能逐年上升[7,8]。钒钛磁铁矿是我国钛资源的主要来源[9]，钒钛磁铁矿、矾土矿、石煤等是提取钒钛的重要原料。因此，钒钛磁铁矿中钛资源的综合回收利用是各大企业、高校、研究中心等机构钛工业发展的重要研究方向[10]。目前，采矿、选矿、冶炼钒钛在我国已形成了完整的产业链，初步实现了钒钛磁铁矿的综合利用，但资源综合利用水平不高等技术难题依然存在[2]。钛金属是钒钛磁铁矿中含量较高的有价金属[11]，其具有很高的综合利用价值，实现钒钛磁铁矿中钛等有价金属回收和整体利用是落实利用率最大化、避免资源浪费的要求，是建设资源回收的重要保障措施[12]；同时，钛的有效提取可以降低钒钛对生态环境的污染。据文献调研，目前从钒钛磁铁矿中萃取分离钒、钛的主要产物有 V_2O_5、TiO_2 等[8]。

3.1.2.2　国外钛资源简介

国外钒钛磁铁矿主要集中在南非、俄罗斯等国家[13]。20 世纪初，针对钒钛磁铁矿分选和冶炼这一问题，苏联、芬兰、挪威、加拿大等国相继开展了大量研究工作，在世界上钒钛磁铁矿综合利用便由此拉开了序幕[14, 15]。针对富钛钒渣的处理，国外已经研究了利用氢氧化钠熔融法、盐焙烧和水浸工艺等处理，钒钛萃取分离技术也得到一定的发展。同时，南非、新西兰采用回转窑-电炉深还原工艺处理钒钛磁铁矿，冶炼渣中 TiO_2 品位在此工艺中基本维持在30%，未能实现冶炼渣中钛的提取利用，从而造成钛资源浪费[16]。俄罗斯某些企业虽然实现了低钛渣冶炼，降低了钛资源的浪费，但仍无法实现冶炼渣中的高效提取利用[1]。

3.1.3　国内外含钛资源火法提取工艺简介

钒钛磁铁矿中含有大量的铁、钒、钛等有价金属，但存在成分复杂和嵌布粒度细等问题，资源回收利用困难，大量钛资源被丢弃，不仅造成资源浪费[7]，且污染环境[10]。综合利用钒钛磁铁矿的关键在于对钒钛磁铁精矿中的钒、钛、铁进行综合回收利用，提升钛的回收利用率，然而钒钛磁铁矿中钛回收利用一直是世界性难题。

高炉法是最早用于钒钛磁铁矿处理的工艺，也是迄今为止唯一可实现钒钛磁铁矿冶炼渣大规模处理的工艺，其基本工艺流程详如图 3.1 所示。由图 3.1 可知，高炉法冶炼钒钛磁铁矿之前，需要经过选矿和磨矿，以获得钒钛磁铁矿精矿，随后经过球团烧结，最后在 1600℃ 左右的高炉内直接还原熔炼，获得含钒铁水和含钛冶炼渣。此工艺可实现铁、钒的回收利用，其中钒的提取率可超过 70%[17]。冶炼渣中 TiO_2 质量分数为 20%～30%，导致高炉强化冶炼过程难以进行，严重浪费钛资源[18]。

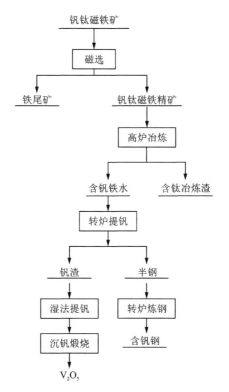

图 3.1 高炉法处理钒钛磁铁矿工艺基本流程

20 世纪 50 年代，芬兰开展了预还原-电炉熔分法(非高炉法，其基本工艺流程如图 3.2 所示)处理钒钛磁铁矿的研究，实现了对金属钒和铁的回收，并实现了一定的规模化生产，但回收利用率较低。20 世纪 70 年代，我国攀钢集团有限公司也对该工艺进行了大量的科学研究，获得了纯度大于 99% 的 V_2O_5，同时实现了对冶炼渣中钛的富集(冶炼渣中 TiO_2 质量分数大于 50%)，钒的提取率高于高炉法、非高炉法中先提取铁后回收钒的先铁后钒的工艺流程[17]。但是该工艺仍旧未能实现钒钛磁铁矿中钛的直接提取，且存在生产规模较小、技术不成熟的缺点[19]。综上所述，火法工艺处理钒钛磁铁矿存在反应平衡时间长、反应温度高、电消耗量大、生产成本高、有价金属回收率低、污染环境等问题，限制了其在工业上的广泛应用。

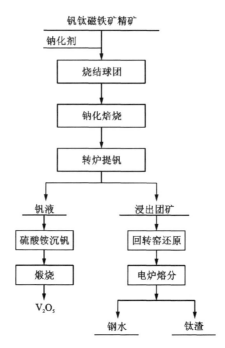

图 3.2 钒钛磁铁矿预还原-电炉熔分提取有价金属工艺基本流程

3.1.4 国内外含钛资源湿法提取工艺简介

毛雪华等[4]采用 TBP-正癸醇协萃体系，探究了盐酸介质中钛的萃取，并通过红外光谱分析、粒度测定和电导等分析检测方法对萃取工艺进行了优化，萃取条件为盐酸浓度 8 mol/L，萃取剂总浓度为 0.15 mol/L，经三级逆流萃取，钛的萃取率仅为 50% 左右。黄云生等[20]以南非某企业的钒钛磁铁矿为研究对象，采用全湿法工艺，分为两部分，一部分为以 N1923 为萃取剂萃取浸出液中的钛，另一部分为以 P204 为萃取剂萃取浸出液中的钒，其主要工艺流程为：选用干式磨矿→氧压浸出→铁粉还原→硫酸亚铁结晶→N1923 萃取钛→P204 萃取钒→沉淀钒→煅烧工艺可获得硫酸亚铁和五氧化二钒产品，而 84.77% 的钛富集于氧压浸出渣中，品位为 41.35%，剩余部分富集于浸出液中。富集于浸出液中的钛以 N1923 为萃取剂，经过五级逆流萃取，钛的总萃取率可达92.46%。胡长明等[21]以高钛矿为研究对象，以 FH-H_2SO_4-MIBK 为萃取体系，钛的萃取率仅为 60%，未能实现钛资源的有效利用。

毛雪华等[5]采用 N1923 伯胺类萃取剂和异戊醇所组成的协同萃取体系，对浸出液中的钛进行萃取，研究结果表明，增大盐酸的浓度和加入异戊醇能够提高钛的萃取率，萃取的最佳平衡时间为 20 min，最佳萃取温度为室温。毛雪华等[22]采用酸性萃取剂 D_2EHPA，以磺化煤油为稀释剂对盐酸介质中的钛进行萃取，研究结果表明：最佳萃取温度为 25℃，萃取时间为 30 min，酸性介质浓度越高，钛的萃取率越大。张卫东等[23]以含钛冶炼渣为实验原料，以 P507 为萃取剂对硫酸浸出液中的钛进行萃取，研究结果表明：最佳的萃取相比为 1∶1，最佳的萃取平衡时间为 10 min，钛的一级萃取率可超过 85%。

Bian 等[24]采用氯化铵加压热解-酸浸-溶剂萃取新工艺从含钒钛铁矿中回收钒、钛、铁等有价金属。浸出液中钒和铁分别以聚钒酸铵$[(NH_4)_2V_6O_{16}]$和黄钾铁矾铵$[NH_4Fe_3(SO_4)_2(OH)_6]$形态从浸出液中沉淀出来。当含钒钛铁矿在温度为 320℃、化铵和钒钛磁铁矿的质量比为 1.5 的条件下热解 2 h 之后，再用 61.7 g/L 的盐酸浸出，可浸出 95.1%的钒和 92.5%的铁，仅 1.2%的钛进入溶液中，即 98%以上的钛进入浸出渣。

Fontana 等[25]以二(2-乙基己基)磷酸和 EHEHPA 组成的协同萃取体系，研究了不同酸度条件下钛的萃取，研究结果表明：EHEHPA 是酸性介质中钛的高效萃取剂，但其萃取动力学速度非常缓慢；同时，对反萃性能进行了研究，结果表明以硫酸作为反萃剂时反萃动力学速度非常慢，但以 $H_2SO_4+H_2O_2$ 和 Na_2CO_3 复合反萃剂可以显著提高其反萃动力学速度。

Filiz 等[26]研究了盐酸介质中钛(Ⅳ)的萃取，分别以 Alamine 336 和二甲苯为萃取剂，探究了不同金属离子浓度和酸度条件下的萃取性能，研究结果表明：Alamine 336 被认为是从酸性水溶液中提取 Ti(Ⅳ)的合适萃取剂，Ti(Ⅳ)的萃取率随水相酸度的增加而增大。

Seyfi 等[27]以磷酸三丁酯(TBP)为萃取剂、工业磺化煤油为稀释剂，研究了硫酸盐和硝酸盐溶液中钛的萃取工艺，研究证实了钛的萃取取决于金属的初始浓度，钛的最佳萃取率可超过 98%，但该萃取体系最大的问题在于萃取过程中容易因乳化形成第三相，从而限制了其应用。

田宇楠等[28,29]通过分别以 P507 和 P204 为萃取剂对浸出液中的钒进行萃取，得出 P204 体系萃取分离效果不管是萃取还是反萃取均优于 P507。以 P204 为萃取剂萃取分离浸出液中的钒时，最佳的萃取工艺条件为萃取相比为

2∶1、萃取平衡时间为 6 min、萃取温度为 30℃、初始水相 pH 为 2.5、$n(\text{P204})∶n(\text{TBP})∶n(磺化煤油)= 2∶1∶7$、还原剂用量(Fe)为 0.2 moL,在该条件下,钒的萃取率可达到 97.84%,而以 P507 为萃取剂时钒的萃取率为 92.11%。

综上所述,现有钛的溶剂萃取工艺存在萃取平衡时间长(动力学慢)、钛的萃取率低、萃取过程中容易出现乳化从而导致水相和有机相分相困难等问题,限制了现有溶剂萃取体系的工业应用。通过大量的文献调研可知,萃取剂 TBP(磷酸三丁酯)和萃取剂 P204(D_2EHPA)萃取体系可分别应用于萃取分离浸出液中的有价金属,但对于 TBP 和 P204 组成应用于有价金属的提取分离的研究较少,该体系对于酸性介质中钛的萃取富集研究鲜有报道。

3.1.5 本章研究意义与内容

3.1.5.1 研究意义

钒钛磁铁矿中提取有价金属具有较多工艺,但是对于实现钛资源清洁高效回收仍然存在困难。如火法工艺处理钒钛磁铁矿存在反应平衡时间长、反应温度高、电消耗量大、生产成本高、有价金属回收率低、污染环境等问题,限制了其在工业上的广泛应用。而现有湿法提取工艺中,钛的溶剂萃取工艺存在萃取平衡时间长(动力学慢)、钛的萃取率低、萃取过程中容易出现乳化从而导致水相和有机相分相困难等问题,限制了现有溶剂萃取体系的工业应用。基于此,我们提出将 TBP 和 P204 所组成的协同萃取体系应用于机械活化后钒钛磁铁矿冶炼渣盐酸浸出液中钛的萃取富集,对其萃取工艺进行优化,以期提高钛的萃取分离性能。

3.1.5.2 研究内容

本章以萃取剂 P204 和磷酸三丁酯(TBP)组成的协同萃取体系,对钒钛磁铁矿冶炼渣盐酸浸出液中钛进行萃取,通过考察萃取剂总浓度、TBP 和 P204 的物质的量比、萃取时间和温度、萃取过程中的相比、原料液中氯离子总浓度等因素对钛萃取率的影响,从而优化该萃取体系的萃取工艺条件,并采用斜率法对其萃取机理进行初步探究。

本章主要的研究内容包括：

①浸出液中钛的萃取工艺研究。

研究 P204 与 TBP 协同萃取体系对钛的萃取分离效果，采用单一变量法分别考察萃取剂用量（0.15 mol/L、1.5 mol/L）、萃取剂的物质的量比（n（P204）/n（TBP）=0、0.2、0.4、0.6、0.8、1.0）、萃取相比（5∶1、3∶1、2∶1、1∶1、1∶2、1∶3、1∶5）、氯离子浓度（6 mol/L、7 mol/L、8 mol/L、9 mol/L、10 mol/L）、萃取时间（3 min、5 min、10 min、15 min、20 min、25 min、30 min）、萃取温度（20℃、30℃、40℃、50℃、60℃）等条件对钛萃取率的影响，从而获得最佳的萃取工艺条件。

②钛的萃取机理研究。

本章中，我们采用斜率法分别探究了 P204 和 TBP 对钛萃取分配比的影响，后根据实验数据拟合所得直体斜率推断萃合物的组成，从而确定钛萃取的化学反应方程式。

3.2 实验部分

3.2.1 实验原料试剂与仪器设备

本章所用的原料(钛浸出液)是机械活化后在最佳浸出工艺条件下获得的,即在盐酸质量分数为50%、液固体积质量比为120∶1、浸出温度为120 ℃、浸出反应时间为120 min条件下浸出机械活化后钒钛磁铁矿冶炼渣中的钛,浸出液中钛质量浓度为882 mg/L。

3.2.1.1 实验原料试剂

实验过程中主要用到的实验原料试剂如表3.1所示。

表 3.1　实验过程中主要用到的实验原料试剂

试剂名称	规格	生产厂家
钛浸出液(原料)	—	实验室自制
磷酸三丁酯(TBP)	分析纯	上海阿拉丁生化有限公司
二(2-乙基己基)磷酸(P204)	分析纯	上海阿拉丁生化有限公司
磺化煤油	工业级	茂名市高君石化有限公司
盐酸	分析纯	重庆川东化工(集团)有限公司
去离子水	18.25 MΩ·cm	超级纯水器(实验室自制)

3.2.1.2 实验仪器及设备

实验过程中所用到的主要仪器设备如表3.2所示。

表 3.2　实验过程中所用到的主要仪器设备

设备名称	型号	生产单位
集热式恒温加热磁力搅拌器	DF-101S 型	巩义市予华仪器有限责任公司
电热鼓风干燥箱	101-2A 型	天津市滨海新区大港红杉实验设备厂
精密电子天平	JE2002	上海浦春计量仪器有限公司
实验室超级纯水器	OKP-M210	上海涞科仪器有限公司
梨形分液漏斗	—	—
ICP-OES	—	—

注：表中 ICP-OES 是实验完成后将样品送往四川成都科研狗仪器测试平台进行测定。

3.2.1.3　其他仪器设备

超纯水机、铁架台以及各种玻璃仪器(移液管、烧杯、量筒、锥形瓶、容量瓶、胶头滴管)等。

3.2.2　含钛冶炼渣浸出液中溶液的配制和萃取剂的配置

萃取剂(有机相)的配制：先确定萃取剂总浓度剂物质的量比，称取一定质量的 P204 和 TBP，以磺化煤油为稀释剂，根据实验需要转移到相应容积的容量瓶内定容，摇匀放置备用。

实验原液的配制(水相)：取一定量的浸出液与一定量的盐酸按照一定量的比例进行混合并定容，得到萃取实验原液即水相备用(考虑水相氯离子浓度的影响)。

3.2.3　实验及分析方法

3.2.3.1　最佳萃取剂总浓度和萃取剂物质的量比的确定

恒定萃取温度、萃取时间、相比和氯离子浓度，改变萃取剂总浓度和萃取剂的物质的量比，测定萃余液中钛的质量分数，最后绘制出钛萃取分配比与 TBP 摩尔分数的关系曲线图。

萃取剂物质的量比：

$$X = \frac{A}{A+B}$$

式中：X 为物质的量比；A 为 TBP 物质的量；B 为 P204 物质的量。

当萃取剂总浓度为 0.15 mol/L 时，TBP 相对分子质量（M）为 266.32，P204 相对分子质量（M）为 322.42。分别配制 100 mL 有机相溶液，具体质量如表 3.3 所示。当萃取剂总浓度为 1.5 mol/L 时，具体数值扩大十倍。

表 3.3　萃取剂总浓度为 0.15 mol/L 时 TBP 的质量

TBP 摩尔分数	0	0.2	0.4	0.6	0.8	1.0
TBP（质量）/g	0	0.80	1.60	2.40	3.20	4.00
P204（质量）/g	4.84	3.87	2.90	1.93	0.97	0

3.2.3.2　最佳萃取相比的确定

相比即有机相与水相的比例。恒定萃取剂总浓度、萃取剂的物质的量比、萃取温度、萃取时间和氯离子浓度，改变萃取相比，测定萃余液中钛的含量，最后绘制出钛萃取率与萃取相比的关系曲线。

3.2.3.3　最佳萃取平衡时间的确定

恒定萃取剂总浓度、萃取剂的物质的量比、萃取相比、萃取温度和氯离子浓度，改变萃取时间，测定萃余液中钛的含量，最后绘制出钛萃取率与萃取时间的关系曲线。

3.2.3.4　最佳氯离子浓度的确定

恒定萃取剂总浓度、萃取剂的物质的量比、萃取时间、萃取相比和萃取温度，改变氯离子浓度，测定萃余液中钛的含量，最后绘制出钛萃取率与氯离子浓度的关系曲线。

3.2.3.5　萃取温度的确定

恒定萃取剂总浓度、萃取剂的物质的量比、萃取时间、萃取相比和氯离子浓度,改变萃取温度,测定萃余液中钛的含量,最后绘制出钛萃取率与萃取温度的关系曲线。

3.2.3.6 分析方法

水相中测定方法为使用电感耦合等离子体发射光谱仪法(即 ICP-OES)。该法可对金属元素进行定性、定量分析。有机相中的离子浓度根据萃取前、后水相浓度的变化采用差减法计算得到。

分配比 D:

$$D = \frac{有机相中钛离子的浓度}{萃余液中金属离子的浓度}$$

萃取率 E:

$$E = \frac{有机相中金属离子总量}{原料液中金属离子总量} \times 100\%$$

原料液为矿物中的金属总量,萃余液为萃取液中含有的金属总量。

协萃系数 R:

$$R = \frac{D}{x D_{TBP} + (1-x) D_{P204}}$$

式中:D 为协同萃取时的分配系数,即钛在有机相和水相中的浓度之比;x 为协同萃取体系中萃取剂 TBP 的摩尔分数;$(1-x)$ 为 P204 的摩尔分数;D_{TBP} 为 TBP 单独萃取钛时的分配系数;D_{P204} 是 P204 单独萃取钛时的分配系数。

3.2.3.7 斜率法研究 P204 和 TBP 萃取钛协同萃取机理

萃取机理研究一般方法有饱和容量法、斜率法等。其中斜率法应用最为广泛,它是根据萃取化学反应的平衡常数测定萃合物的化学计量数达到探究萃取机理的一种研究方法。根据前面的研究我们知道,金属钛主要以 TiO^{2+} 离子形态存在于盐酸浸出液中,则萃取反应可以表达为:

$$TiO^{2+} + xHA + yHB \rightarrow (TiO^{2+})[HA]_x[HB]_y \qquad (3-1)$$

则萃取平衡的表观常数 K 可表达为:

$$K = \frac{[(TiO^{2+})[HA]_x[HB]_y]_{(o)}[H^+]^2}{[TiO^{2+}][HA]^x_{(o)}[HB]^y_{(o)}} = \frac{D[H^+]^2}{[HB]^x_{(o)}[HA]^y_{(o)}} \qquad (3-2)$$

式中:$[H^+]$ 和 (TiO^{2+}) 分别为水相中氢离子和金属离子浓度;$[HA]_o$ 和 $[HB]_o$

分别代表有机相中萃取剂 TBP 和 P204 游离浓度；$[(TiO^{2+})[HA]_x[HB]_y]_{(o)}$ 代表负载有机相中萃合物浓度，D 为钛离子在两相间的分配比。将式 (3-2) 两边取对数，得：

$$\lg D = \lg K + 2pH + x\lg[HA]_{(o)} + y\lg[HB]_{(o)} \tag{3-3}$$

若恒定 pH 和萃取剂 P204 浓度，改变式 (3-3) 中萃取剂 TBP 的浓度，以 $\lg D$ 对 $\lg[HA]_o$ 作图，应得到一条直线，其斜率等于 x；若恒定 pH 和萃取剂 TBP 的浓度，改变萃取剂 P204 的浓度，以 $\lg D$ 对 $\lg[HB]_o$ 作图，也应得到一条直线，其斜率为 y。求得待定常数 x、y 之后就能得出负载有机相中钛萃合物的组成。

3.3　实验结果与讨论

3.3.1　萃取剂的物质的量比及萃取剂总浓度对钛萃取分配比的影响

为探究萃取剂的总浓度和协同萃取剂之间的物质的量比对钛萃取分配比的影响,恒定萃取过程中有机相与水相的萃取相比为 1 : 1,在水相氯离子浓度为 8 mol/L 的条件下,在 30℃ 的恒温水浴中磁力搅拌萃取 10 min,改变协同萃取体系中 TBP 的摩尔分数分别为 0、0.2、0.4、0.6、0.8 和 1.0。萃取原料(水相)为机械活化后钒钛磁铁矿冶炼渣盐酸浸出液,萃取剂的总浓度分别为 0.15 mol/L 和 1.5 mol/L。实验结果如表 3.4 和图 3.3 所示。

表 3.4　协同萃取体系中不同萃取剂的物质的量比及萃取剂总浓度条件下钛的萃取分配比

萃取剂总浓度/(mol·L^{-1})	TBP 物质的量分数	萃余液中钛质量浓度/(mg·L^{-1})	料液中钛质量浓度/(mg·L^{-1})	负载有机相中钛质量浓度/(mg·L^{-1})	钛萃取率/%	分配比	R
0.15	0	174.93	593.62	418.69	70.53	2.39	
	0.2	72.07	593.62	521.55	87.86	7.24	
	0.4	84.78	593.62	508.84	85.72	6.00	3.25
	0.6	120.47	593.62	473.15	79.71	3.93	
	0.8	135.68	593.62	457.94	77.14	3.38	
	1.0	230.58	593.62	363.04	61.16	1.57	
1.50	0	184.30	593.62	409.32	68.95	2.22	
	0.2	62.10	593.62	531.52	89.54	8.56	
	0.4	79.20	593.62	514.42	86.66	6.49	4.21
	0.6	101.54	593.62	492.08	82.89	4.85	
	0.8	125.32	593.62	468.30	78.89	3.74	
	1.0	259.26	593.62	334.36	56.32	1.29	

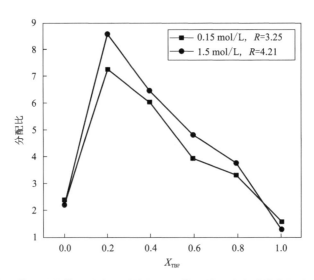

图 3.3 协同萃取剂中萃取剂的物质的量比及萃取剂总浓度对钛萃取分配比的影响

由图 3.3 和表 3.4 可知，当萃取剂 P204 和 TBP 的总浓度 $C_{TBP}+C_{P204}=$ 0.15 mol/L 时，钛的萃取分配比随着协同萃取体系中 TBP 的摩尔分数的增大，呈现先增大后减小的趋势。当 TBP 的摩尔分数为 20% 时，萃取分配比达到最大值；当 $C_{TBP}+C_{P204}=1.5$ mol/L 时，变化规律与 $C_{TBP}+C_{P204}=0.15$ mol/L 时相似，分配比略有增加，但增加幅度不大。当 $C_{TBP}+C_{P204}=0.15$ mol/L 时，协同系数 $R=\dfrac{D}{0.2D_{TBP}+0.8D_{M}}=3.25$；当 $C_{TBP}+C_{P204}=1.5$ mol/L 时，协同系数 $R=\dfrac{D}{0.2D_{TBP}+0.8D_{M}}=4.21$。从图 3.3 中可以看出，萃取剂的总浓度越大，钛的萃取分配比越大。这是因为当浓度增大时，有机相中可以参加萃取反应（配位或离子交换）的萃取剂分子数量增加，即钛的饱和萃取容量随着萃取剂浓度增大而增大，提高钛的萃取率，从而钛的萃取分配比也显著提高。当 TBP 或者 P204 单独萃取钛时，萃取分配比均较小，而 TBP 和 P204 组成的协同萃取体系，钛的萃取分配比显著增大，能够对钛的萃取产生正协同效应，提高钛的萃取分离效果。虽然萃取剂总浓度增大，钛的萃取分配比有所增加，但增加幅度并不大，萃取剂的消耗量成倍增加，反而大幅增加了生产成本。因此，综合考虑萃取分离效果和经济成本，本章选择最佳的萃取剂总浓度为 0.15 mol/L、最佳的 TBP 摩尔分数为 0.2。

3.3.2　萃取平衡时间对钛萃取率的影响

为探究萃取平衡时间对钛萃取率的影响，恒定萃取程中有机相与水相的萃取相比为 1∶1、萃取剂总浓度 $C_{TBP}+C_{P204}=0.15$ mol/L、协同萃取体系中 TBP 的摩尔分数为 0.2、水相氯离子浓度为 8 mol/L，在不同萃取平衡时间（3 min、5 min、10 min、15 min、20 min、25 min、30 min）条件下进行萃取。萃取原料（水相）为机械活化后钒钛磁铁矿冶炼渣盐酸浸出液，均在 30℃ 的恒温水浴中磁力搅拌进行萃取。实验结果如表 3.5 和图 3.4 所示。

表 3.5　不同萃取平衡时间条件下钛萃取率

萃取时间 /min	萃余液中钛质量浓度 /(mg·L⁻¹)	料液中钛质量浓度 /(mg·L⁻¹)	负载有机相中钛质量浓度 /(mg·L⁻¹)	钛萃取率 /%	分配比	相比
3	237.67	593.62	355.95	59.96	1.50	1∶1
5	147.44	593.62	466.18	75.16	3.03	1∶1
10	72.07	593.62	521.55	87.86	7.24	1∶1
15	23.95	593.62	569.67	95.96	23.78	1∶1
20	8.14	593.62	585.48	98.63	71.94	1∶1
25	8.14	593.62	585.48	98.63	71.91	1∶1
30	7.49	593.62	585.13	98.74	78.26	1∶1

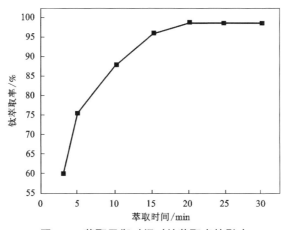

图 3.4　萃取平衡时间对钛萃取率的影响

从表 3.5 和图 3.4 看出，钛萃取率随着萃取平衡时间的增加呈整体增大的趋势，其萃取率从前期的快速增长到后期的趋于平缓。当萃取平衡时间为 3 ~ 20 min 时，钛萃取率随时间上升十分明显，20 min 后钛萃取率基本没有变化。因此，为了钛萃取率和生产效率的提高，本章选择最佳的萃取平衡时间为 20 min，此时钛的萃取率为 98% 以上。

3.3.3 萃取过程中相比对钛萃取率的影响

为考察萃取相比对钛萃取率的影响，设计如下实验方案：恒定萃取剂总浓度 $C_{TBP}+C_{P204}=0.15$ mol/L、协同萃取体系中 TBP 的摩尔分数为 0.2、水相氯离子浓度为 8 mol/L、萃取平衡时间为 20 min，在不同有机相与水相的萃取相比 (5 : 1、3 : 1、2 : 1、1 : 1、1 : 2、1 : 3、1 : 5) 的条件下，于 30℃ 的恒温水浴中磁力搅拌进行萃取。萃取原料(水相)为机械活化后钒钛磁铁矿冶炼渣盐酸浸出液，实验结果如表 3.6 和图 3.5 所示。

表 3.6　萃取过程中不同有机相和水相的萃取相比条件下钛的萃取率

相比	萃余液中钛质量浓度 /(mg·L⁻¹)	料液中钛质量浓度 /(mg·L⁻¹)	负载有机相中钛质量浓度 /(mg·L⁻¹)	钛萃取率 /%	分配比
5 : 1	3.23	593.62	590.39	99.46	182.91
3 : 1	3.83	593.62	589.79	99.35	153.95
2 : 1	5.40	593.62	588.22	99.09	108.89
1 : 1	8.14	593.62	585.48	98.63	71.94
1 : 2	12.38	593.62	581.24	97.91	46.95
1 : 3	40.76	593.62	552.86	93.13	13.57
1 : 5	127.09	593.62	466.53	78.59	3.67

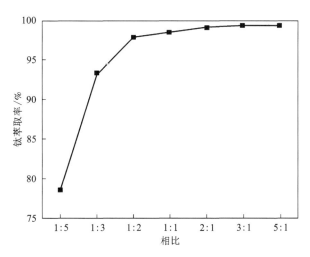

图 3.5　萃取过程中有机相和水相的萃取相比对钛萃取率的影响

从图 3.5 和表 3.6 可以看出，随着萃取过程中有机相与水相的相比的增大，钛的一级萃取率也逐渐增大。当相比为 1∶5~1∶1 时，钛的一级萃取率直线上升，之后再增大相比，钛的一级萃取率虽然也呈现增大的趋势，但曲线平缓，即增大幅度较小。这是由于随着相比的增大，有机相中能够与含钛离子（TiO^{2+}）参与反应的萃取剂分子也逐渐增多，即能够萃取更多的 TiO^{2+}。当相比达到 1∶1 后继续增大相比，由于水相中的 TiO^{2+} 有限，因而钛萃取率增大幅度减小，且过高的相比会导致更多萃取剂的消耗，提高了生产成本。且当相比为 1∶1 时，钛萃取率已经达到了 98.63%。因此，综合考虑萃取分离效果和经济成本，本章选择萃取过程中有机相与水相的最佳相比为 1∶1。

3.3.4　萃取温度对钛萃取率的影响

萃取是金属离子与萃取剂分子之间通过配位、离子交换等实现的，其实质是化学反应过程，而温度对化学反应平衡和速率有重要的影响。为考察萃取温度对钛萃取率的影响，设计如下实验方案：恒定萃取剂总浓度 $C_{TBP} + C_{P204} = 0.15$ mol/L、协同萃取体系中 TBP 的摩尔分数为 0.2、水相氯离子浓度为 8 mol/L、萃取平衡时间为 20 min、有机相与水相的萃取相比为 1∶1，在不同温度（20℃、30℃、40℃、50℃、60℃）的恒温水浴中磁力搅拌进行萃取。萃取原料(水相)为机械活化后钒钛磁铁矿冶炼渣盐酸浸出液,实验结果如表 3.7 和图 3.6 所示。

表 3.7　不同萃取温度条件下钛的萃取率

萃取温度 /℃	萃余液中钛质量浓度 /(mg·L⁻¹)	料液中钛质量浓度 /(mg·L⁻¹)	负载有机相中钛质量浓度 /(mg·L⁻¹)	钛萃取率 /%	分配比	相比
20	7.94	593.62	585.68	98.66	73.72	1:1
30	8.14	593.62	585.48	98.63	71.94	1:1
40	12.03	593.62	581.59	97.97	48.35	1:1
50	18.37	593.62	575.25	96.91	31.31	1:1
60	30.30	593.62	563.32	94.90	18.59	1:1

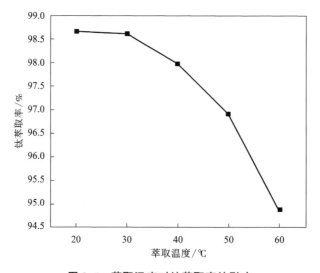

图 3.6　萃取温度对钛萃取率的影响

　　由表 3.7 和图 3.6 可知,钛萃取率随着萃取温度的升高显著下降,这是因为使用该协同萃体系萃取钛是一个放热反应,这与文献中的报道是一致的[22]。温度升高,化学反应速率提高,温度越低,化学反应速率越低;同时,升高温度能够显著降低有机相和水相之间的表面张力，从而缩短萃取澄清分离的时间，以达到工业生产澄清速率的要求，有助于提高工业生产效率；且萃取温度从 20℃升高到 30℃，钛的萃取率仅从 98.66% 降低到 98.63%。因此，本章综合考虑萃取温度对萃取平衡时间、萃取效率和后续的澄清分离速率等的影响，我们选择最佳的萃取温度为 30℃。

3.3.5　氯离子浓度对钛萃取性能的影响

为研究萃取原料(水相)中氯离子总浓度对钛萃取率的影响，设计如下实验方案：恒定萃取剂总浓度 $C_{TBP}+C_{P204}=0.15\ mol/L$、协同萃取体系中 TBP 的摩尔分数为 0.2、萃取平衡时间为 20 min、有机相与水相的萃取相比为 1:1，改变水相中氯离子总浓度(6 mol/L、7 mol/L、8 mol/L、9 mol/L、10 mol/L)，于 30℃的恒温水浴中磁力搅拌进行萃取。萃取原料(水相)为机械活化后钒钛磁铁矿冶炼渣盐酸浸出液，实验结果如表 3.8 和图 3.7 所示。

由图 3.7 和表 3.8 可知，钛萃取率随着水相中氯离子总浓度的增加而呈逐渐增大的趋势。以 P204 和 TBP 组成的协同萃体系萃取浸出液中的钛时，当水相中氯离子总浓度为 6~8 mol/L 时，钛萃取率随着水相中氯离子总浓度呈线性增大；当氯离子浓度大于 8 mol/L，继续增大水相中氯离子总浓度，钛萃取率增大幅度减小，基本不再变化。其原因可能是水相氯离子总浓度较低(小于 8 mol/L)时，水相总的含钛离子主要以游离的 TiO^{2+} 存在，萃取过程为溶剂化萃取机理，含钛离子以 $TiOCl_2$ 的形态进入萃合物中。萃取剂对钛的萃取能力随着盐酸浓度的增加而提高。水相氯离子总浓度较高(大于 8 mol/L)时，溶液中的 TiO^{2+} 与水相中的 Cl^- 形成一系列的络合物离子，水相中的钛主要以 $TiOCl_m^{n+}$ 等形式存在[4]，降低了 TiO^{2+} 的活度，从而影响了钛的萃取。所以在含钛溶液中应尽可能升高氯离子的浓度，以利于钛的萃取。当氯离子浓度过高时，虽然钛萃取率仍然呈上升趋势，但增幅不大，而加入过多盐酸会造成资源的浪费，且增加了后续含氯废水的处理负担，经济成本增大。综上，我们选择最佳的氯离子总浓度为 8 mol/L，此时钛萃取率将近 99%。

表 3.8 不同水相氯离子浓度条件下钛的萃取率

氯离子 浓度 /(mol·L⁻¹)	萃余液中 钛质量浓度 /(mg·L⁻¹)	料液中 钛质量浓度 /(mg·L⁻¹)	负载有机相 中钛质量浓度 /(mg·L⁻¹)	钛萃取率 /%	分配比
6	359.61	908.39	548.78	60.41	1.53
7	148.14	695.34	547.19	78.69	3.69
8	8.14	653.63	585.48	98.63	71.94
9	4.32	538.10	533.78	99.20	123.43
10	1.25	318.45	317.20	99.61	253.75

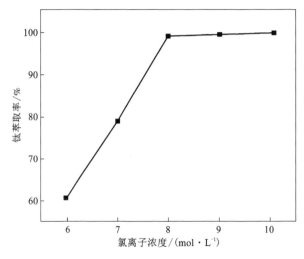

图 3.7 水相中氯离子浓度对钛萃取率的影响

3.3.6 萃取钛的机理研究

萃取原料(水相)为机械活化后钒钛磁铁矿冶炼渣盐酸浸出液,恒定有机相和水相的相比为 1:1、萃取时间为 20 min、水相中氯离子总浓度为 8 mol/L,于 30℃ 的恒温水浴锅中进行磁力搅拌萃取。为考察 P204(HB)浓度对钛萃取分配比的影响,恒定萃取剂 TBP 的浓度为 0.15 mol/L,分别改变 P204 的浓度 (0.02 mol/L、0.04 mol/L、0.06 mol/L、0.08 mol/L、0.10 mol/L);为探究 TBP (HA)浓度对钛萃取分配比的影响,恒定萃取剂 P204 的浓度为 0.15 mol/L,分别改变 TBP 的浓度（0.02 mol/L、0.04 mol/L、0.06 mol/L、0.08 mol/L、0.10 mol/L）。以 lg D 对 lg[P204]或 lg[TBP]作图，详细结果如图 3.8、图 3.9 和表 3.9、表 3.10 所示。

3.3.6.1　P204 浓度对钛萃取分配比的影响

由表 3.9 和图 3.8 可以看出，以 lg D 对 lg[P204]作图，经线性拟合，其斜率为 1.61，约等于 2，表明萃合物分子中 1 个含钛离子（TiO^{2+}）与 2 个 P204 分子结合。

表 3.9　不同 P204 浓度条件下钛的萃取分配比

P204 浓度 /(mol·L^{-1})	萃余液中钛质量浓度 /(mg·L^{-1})	料液中钛质量浓度 /(mg·L^{-1})	负载有机相中钛质量浓度 /(mg·L^{-1})	钛萃取率/%	分配比	lg[P204]	lg D
0.02	90.19	653.63	563.45	86.20	6.25	−1.70	0.80
0.04	55.74	653.63	597.89	91.47	10.73	−1.40	1.03
0.06	19.11	653.63	634.52	97.08	33.20	−1.22	1.52
0.08	12.91	653.63	640.72	98.02	49.61	−1.10	1.70
0.10	9.16	653.63	644.47	98.60	70.33	−1.00	1.85

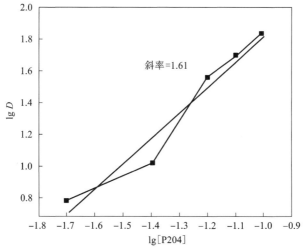

图 3.8　P204 浓度对钛萃取分配比的影响

3.3.6.2 TBP 浓度对钛萃取分配比的影响

由表3.10和图3.9可以看出,以 $\lg D$ 对 $\lg[TBP]$ 作图,经线性拟合,其斜率为1.58,约等于2,表明萃合物分子中1个含钛离子(TiO^{2+})与2个 TBP 分子结合。

表 3.10 不同 TBP 浓度条件下钛的萃取分配比

TBP 浓度 /(mol·L^{-1})	萃余液中钛质量浓度 /(mg·L^{-1})	料液中钛质量浓度 /(mg·L^{-1})	负载有机相中钛质量浓度 /(mg·L^{-1})	钛萃取率/%	分配比	$\lg[TBP]$	$\lg D$
0.02	6.16	653.63	647.47	99.06	105.07	−1.70	1.78
0.04	10.55	653.63	643.08	98.39	60.94	−1.40	2.08
0.06	3.24	653.63	650.40	99.51	201.04	−1.22	2.30
0.08	2.19	653.63	651.44	99.66	296.89	−1.10	2.47
0.10	0.87	653.63	652.76	99.87	746.34	−1.00	2.87

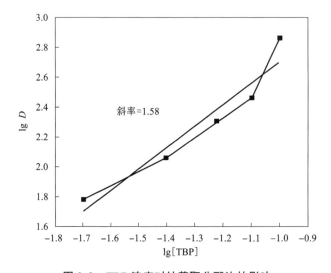

图 3.9 TBP 浓度对钛萃取分配比的影响

　　结合水相总氯离子总浓度对钛萃取率的影响可知，萃取过程为溶剂化萃取机理，含钛离子以 $TiOCl_2$ 的形态进入萃合物中，我们可以得出 P204 和 TBP 协同萃取盐酸介质中的含钛离子（TiO^{2+}）时，其萃合物组成可能为 $[TiOCl_2][HA]_2[HB]_2$，其萃取化学反应式可以改写为：$TiO^{2+}+2HA+2HB+2Cl^-\rightarrow[TiOCl_2][HA]_2[HB]_2$。

3.4 本章小结与展望

3.4.1 本章小结

本章以萃取剂 P204 和磷酸三丁酯(TBP)组成的协同萃取体系，对钒钛磁铁矿冶炼渣盐酸浸出液中钛进行萃取，通过考察萃取剂总浓度剂 TBP 和 P204 的物质的量比、萃取时间和温度、萃取过程中的相比、原料液中氯离子总浓度等因素对钛萃取率的影响，从而优化该萃取体系的萃取工艺条件，并采用斜率法对其萃取机理进行初步探究。

①TBP 或 P204 单独萃取钛时，钛萃取率均较低；当协同萃取体系中萃取剂的总浓度 $C_{TBP}+C_{P204}=0.15$ mol/L，且 TBP 的摩尔分数为 0.2(TBP 为 20%，P204 为 80%)时，钛萃取率为 98%以上。

②使用 P204 和 TBP 协同萃取体系萃取钛时，其最佳萃取工艺条件为萃取过程中有机相和水相的相比为 1∶1、萃取时间为 20 min、萃取温度为 30℃、水相氯离子总浓度为 8 mol/L，该协同萃取体系对钛的萃取速度较快，20 min 内基本达到萃取极限，萃取率不再随着时间的增加而增大。

③P204 和 TBP 协同萃取体系萃取钛的反应式是一个放热反应，其萃取机理为溶剂化萃取，含钛离子以 $TiOCl_2$ 的形态进入萃合物中，结合斜率法研究结果，我们得出其萃合物组成可能为 $[TiOCl_2][HA]_2[HB]_2$，其萃取化学反应式可以改写为：$TiO^{2+}+2HA+2HB+2Cl^-\rightarrow[TiOCl_2][HA]_2[HB]_2$。

3.4.2 展望

本章的研究结果表明，磷酸三丁酯−二(2−乙基己基)磷酸协萃体系萃取时间仍然过长，时间过长会增加设备投资成本，大量投产时，会拉低生产效率，对实际生产中的操作实施不利，因此改善萃取剂的萃取时间十分必要。我们针对这些问题对后续实验提出几点建议：

①可以尝试通过改变萃取剂的种类，多种萃取体系对比试验，来提高萃取率；

②尝试对萃取体系的分配比进行优化以及对萃取剂总浓度进行优化，以提高萃取率；

③探索萃取剂对钛的萃取情况，在保证钛萃取率的前提下，尽量优化萃取工艺参数对浸山液中钛的萃取回收率，从而增加经济效益。

参考文献

[1] 周密.含铬型钒钛磁铁矿在烧结—炼铁流程中的基础性研究[D].沈阳：东北大学，2015.

[2] 朱福兴，焦钰，李亮，等.攀西钒钛磁铁矿的选矿技术现状及发展趋势[J].矿冶，2021，30(4)：26-32.

[3] AWWAD N S, IBRAHIUM H A. Kinetic extraction of titanium (Ⅳ) from chloride solution containing Fe(Ⅲ), Cr(Ⅲ) and V(Ⅴ) using the single drop technique[J]. Journal of Environmental Chemical Engineering, 2013, 1(1/2)：65-72.

[4] 毛雪华，刘代俊.磷酸三丁酯—正癸醇对盐酸介质中钛的萃取[J].钢铁钒钛，2018，39(5)：9-15.

[5] 毛雪华，刘代俊，张鹏.N1923-异戊醇对不同浓度盐酸介质中钛的萃取性能研究[J].钢铁钒钛，2011，32(2)：5-9.

[6] 毛雪华，刘代俊，张鹏.不同类型萃取剂对盐酸介质中钛、铁的萃取分离性能研究[J].四川大学学报(工程科学版)，2011，43(S1)：204-207.

[7] 王勋，韩跃新，李艳军，等.钒钛磁铁矿综合利用研究现状[J].金属矿山，2019(6)：33-37.

[8] 穆光照.钛萃取剂T105-1的性能研究[J].化学世界，1985，26(3)：82-83.

[9] 王伟，董辉，赵亮，等.钒钛磁铁矿提钒工艺综述[C]//第十届全国能源与热工学术年会论文集.2019(8)：329-335.

[10] 黄瀚，詹海鸿，陈小雁，等.用钛白废酸浸取钒钛磁铁矿分离提取钪、钒、钛、铁的研究[J].大众科技，2010(10)：146-147.

[11] 钟鸣，何锐.攀枝花的宝藏[J].课堂内外(科学Fans)，2021(1)：16-17.

[12] 谢禹，叶国华，左琪，等.含钒钢渣提钒新工艺研究[J].钢铁钒钛，2019，40(1)：69-77.

[13] 王帅，郭宇峰，姜涛，等.钒钛磁铁矿综合利用现状及工业化发展方向[J].中国冶金，2016，26(10)：40-44.

[14] 郭宇峰. 钒钛磁铁矿固态还原强化及综合利用研究[D]. 长沙：中南大学, 2007.

[15] 黄丹. 钒钛磁铁矿综合利用新流程及其比较研究[D]. 长沙：中南大学, 2012.

[16] 欧杨, 孙永升, 余建文, 等. 钒钛磁铁矿加工利用研究现状及发展趋势[J]. 钢铁研究学报, 2021, 33(4)：267-278.

[17] 边振忠. 钒钛磁铁矿精矿铵盐焙烧回收有价金属的研究[D]. 北京：北京科技大学, 2022.

[18] FU W G, WEN Y C, XIE H E. Development of intensified technologies of vanadium-bearing titanomagnetite smelting[J]. Journal of Iron and Steel Research(International)2011, 18(4)：7-10, 18.

[19] 张树石, 胡鹏, 饶家庭, 等. 钒钛磁铁矿综合利用现状及 HIsmelt 冶炼可行性分析[J]. 中南大学学报(自然科学版), 2021, 52(9)：3085-3092.

[20] 黄云生, 齐建云, 王明, 等. 从钒钛磁铁矿中湿法回收钒铁钛试验研究[J]. 湿法冶金, 2021, 40(1)：10-15.

[21] 胡长明, 曾芳屏, 长志信. 从处理高钛矿的萃取残液中回收钛[J]. 稀有金属与硬质合金, 1997, 25(3)：50-52.

[22] 毛雪华, 刘代俊. D_2EHPA 对高浓度盐酸介质中钛的萃取[J]. 现代化工, 2012, 32(8)：48-51.

[23] 张卫东, 朱萍, 王良有, 等. 从含钛高炉渣中回收钛的研究[J]. 中国资源综合利用, 2012, 30(12)：18-21.

[24] BIAN Z Z, FENG Y L, LI H R, et al. Efficient separation of vanadium, titanium, and iron from vanadium-bearing titanomagnetite by pressurized pyrolysis of ammonium chloride-acid leaching-solvent extraction process[J]. Separation and Purification Technology, 2021, 255：117169.

[25] FONTANA D, KULKARNI P, PIETRELLI L. Extraction of titanium (Ⅳ) from acidic media by 2-ethylhexyl phosphonic acid mono-2-ethylhexyl ester[J]. Hydrometallurgy, 2005, 77(3/4)：219-225.

[26] FILIZ M, SAYAR A A. Extraction of titanium (Ⅳ) from aqueous hydrochloric acid solutions into alamine 336-m-xylene mixtures[J]. Chemical Engineering Communications, 2006, 193(9)：1127-1141.

[27] SEYFI S, ABDI M. Extraction of titanium (Ⅳ) from acidic media by tri-n-butyl phosphate in kerosene[J]. Minerals Engineering, 2009, 22(2)：116-118.

[28] 田宇楠. 从钒钛磁铁矿渣的废酸浸出液中萃取钒的研究[D]. 沈阳：沈阳理工大学, 2015.

[29] 魏莉, 田宇楠, 吕国志, 等. 从钒钛磁铁矿渣的废酸浸出液中萃取钒的研究[J]. 稀有金属, 2015, 39(3): 244-250.

第4章

锌窑渣机械活化后提取工艺优化

本章将"机械活化—氨浸—溶剂萃取—反萃"工艺应用于锌窑渣中锌的综合回收利用，对活化后锌窑渣浸出工艺、萃取工艺和反萃工艺浸出优化，并初步探究了其萃取机理。该工艺中，采用氨-氯化铵作为浸出体系，采用Mextral54-100作为萃取剂。实验结果表明，最佳浸出工艺条件的矿物粒度、浸出时间、浸出温度、液固比、总氨浓度和初始浸出剂 pH 分别为 125 μm、60 min、50 ℃、5：1、6 mol/L 和 pH=10.00，最佳浸出率可达到 96%，而未净化的锌冶炼中锌的渣最佳浸出率仅为 58.84%；最佳的萃取工艺参数的萃取剂 Mextral54-100 质量分数为 40%，pH=7，萃取温度、时间、有机相和水相比分别为 20 ℃、10 min、1：2，最佳浸出率可达到 74.36%；最佳反萃工艺参数的反萃剂盐酸浓度为 1.0 mol/L，反萃时间、温度、有机相和水相比分别为 10 min、20 ℃、3：1，最佳反萃率可以达到 70.41%。采用斜率法对 Mextral54-100 萃取锌的机理进行初步探究，结果表明，浸出液中 Mextral54-100 萃取锌的过程是螯合配位萃取，而非阳离子交换萃取，萃合物组成可能为 $[Zn(HA)(H_2O)_n]Cl_2$（其中 n 为 1~2）。

4.1　绪论

4.1.1　前言

随着我国锌冶炼行业的迅速发展，锌的产出总量及消耗量在世界持续多年居于前列，然而在锌产能飞速发展的同时，对火法锌冶炼所产生的冶炼废渣中有价金属的回收过程中存在的资源综合利用的困难、提取效率不高和提取过程中的"三废"的处理等问题也逐步凸显。受传统冶炼工艺的限制，锌冶炼过程中所产生的大量固废被堆存放置于地表，占用了大量的土地资源，还易形成渣场，经过日晒雨淋，将会对生态环境造成威胁[1,2]，且锌等有价金属得不到回收利用将会造成其中有色金属资源的浪费。同时，由于这些废料中含有大量的锌等有价金属，可以作为一种重要的再生资源，对这些废渣中的有价金属进行综合利用回收，是锌冶金工业的重要发展趋势。对锌窑渣等固废的综合开发利用，属于资源绿色化发展方向，符合"碳达峰碳中和"的目标与要求。

4.1.2　锌窑渣资源化简介

4.1.2.1　锌窑渣简介

在火法冶炼锌中，炉料达到回转窑的高温区时，物料由于呈半融化状态而黏结，矿物中的铁、镓、锗的氧化物大部分被还原成金属状态形成合金，而其他杂质金属以各种化合物、合金互相嵌布，随后在 1100～1300℃ 的高温下以尾矿的形式被排出，并立即水淬处理，最终成为锌窑渣。由于锌窑渣中铁、碳、硅含量高，因此锌窑渣具有有价金属含量相对较低、粒度较小、硬度较大等特点。

4.1.2.2　锌窑渣的危害

锌窑渣中含有的许多锌等有价金属未被有效提取，简单向外排放堆存会浪费许多资源，影响到企业经济效益，也会对环境产生不利的影响，存在的大量问题值得引起重视[3]。

①渣场堆存。锌窑渣现有的资源综合利用处理工艺还存在着大幅度提高空

间。目前，我国绝大部分企业对锌窑渣都采取了堆放的方法，而企业的渣场占用面积逐年增加，对管理渣场的投资也越来越大，从而直接降低了企业的经济效益，同时给企业造成负面影响，不利于企业的发展。

②环境污染。我国降雨普遍是以硫酸性雨水为主，当锌窑渣采用堆存放置的方式处理时，经过日晒雨淋，锌窑渣中的重金属在水中溶解后会以离子形式渗入到土壤、水体中，对人体健康和生态环境构成严重的危害，并带来不可估量的经济损失。

③环保形势。在高效综合回收利用资源、严格保护及恢复生态环境的大背景政策下，企业面临的环保形势越来越严峻。

综上所述，在当今资源匮乏的大环境下，综合开发利用锌窑渣中的有价金属锌并对其提取工艺进行优化已经刻不容缓，在获得较大的经济效益时，除实现节能减排及减少资源浪费外，还能促进废渣等二次资源的综合利用回收，做到绿色发展和可持续发展。

4.1.2.3 锌窑渣的处理工艺

由于锌窑渣中含有大量的有价金属元素未被利用，造成了资源的浪费，因此对锌窑渣综合回收利用处理技术进行研究，在获得经济效益的同时，还能实现节能减排，以及对固体废弃物的综合回收利用。目前，国内外锌窑渣处理工艺主要有选矿方法、火法冶炼工艺、湿法提取工艺。

韩国温山锌业有限公司(KZC)最早采用火法炼锌工艺——奥斯麦特技术处理锌窑渣，而之前采用针铁矿法、黄钾铁矾除铁法及传统的两步浸出法处理锌窑渣中有价金属的提取。相比于湿法炼锌工艺，奥斯麦特技术被用来回收处于烟化状态下锌等有价金属的氧化物，产生一种惰性无害的利于环保的炉渣，其中锌的回收率约为82%[4]。

20世纪90年代，Matthew等研究了熔池熔炼法回收锌窑渣中有价金属，即通过鼓入富氧空气强烈搅拌熔池，使得落入熔池中的炉料充分反应的一种冶炼工艺，该工艺具有工艺流程简单、环境污染小、生产效率高、烟气中二氧化硫浓度高等优势，是处理锌窑渣较为理想的火法处理工艺[5]。

1) 选矿方法

选矿方法是指采用重选、磁选和浮选等对锌窑渣中各有价金属组分进行选别的方法，其原理是基于锌窑渣中各组分间的性质差异。目前国内外选矿处理锌窑渣多采用联合的方法。

谢大元[6]通过利用单一浮选工艺和浮选—磁选—浮选(新药剂和联合)工艺对 Ag、C、Ge、Ga 进行回收实验对比,结果表明,选择联合工艺的回收率比单一浮选工艺的回收率高,且联合工艺更适合回收 Ge,而无法对 Ga 进行有效回收,Ga 进入尾矿中造成大量损失。

陈鸽翔[7]通过对锌窑渣进行磁选与水煤渣(锌窑渣经过颚式破碎、球磨、一级磁选所得)浮选联合,在磁选后的铁精矿对 Fe、Au、Ag 进行回收,其回收率分别为 38%、48.5%、41%。

刘霞[8]对锌窑渣磨矿后进行碳浮选回收碳,二次磨矿进行银的粗选和精选,分别得到银精矿和银中矿,最终银的回收率、碳的回收率分别为 86.2%、71.38%。

目前,多采用浮选、磁选以及二者的联合法对锌窑渣中有价金属进行选别,其中浮选工艺主要是对锌窑渣中 Cu、C、Ag 的提取,这项技术主要使得窑渣里面的 C、Fe、Ag 等实现回收利用,减少大面积废渣堆放造成的渣场问题,其不足是没能充分回收再利用里面所含有的 Cu、Zn、Pb 等富有使用价值的金属。

2) 火法冶炼工艺

火法冶炼工艺,是指利用高温下各金属元素熔沸点的差异,使各金属得以分离及富集的方法,但火法冶炼工艺普遍存在能耗过大的问题,对生产设备的要求也较高[9]。目前,火法冶炼工艺多与湿法冶金技术结合使用。

刘志宏等[10]研究了有价金属挥发率有关氯化剂种类和反应时间的影响,采用了熔融氯化挥发工艺综合回收凡口锌窑渣中的有价元素,控制反应的时间大于 30 min,以 NaCl 作氯化剂,其对 Ge 和 Pb 的挥发率均在 90%以上,Ag 挥发率超过 80%,但 Zn 和 Cu 的挥发率偏低,仅为 60%~70%。

周洪武等[11]研究了氧化气氛下 Ag、Cu 等有价金属的提取,即在熔融状态下采用铁将 Ag、Cu 等有价金属还原出来,再进行分离富集。研究结果表明,Ag、Pb 的提取率均可超过 90%,Cu、Zn 的提取率也超过 80%,但该法熔炼时针对窑渣氧化过高情况,熔炼难以进行。该法的后续处理(如 Ag、Cu 等有价金属的分离富集处理)复杂,且过程能耗也较大。

王辉[12]在提及对窑渣处理工艺选择时,针对火法处理窑渣采用烧结后用鼓风炉进行熔炼得到冰铜(富集铜、金、银等有价元素)送去株冶进行回收。该法需要用大设备进行回收，并且用火法对锌窑渣进行处理需经过高温煅烧，这会使其中成分更加复杂并产生更多的废渣。

在火法工艺中，利用对大部分金属元素采用窑渣中所残余的大量焦炭进行综合回收，会产生含 S、As 的有害组分，同时烟尘量大，且火法处理技术的能耗较高，对于重金属的回收稳定性差，可能会再次产生二次废物污染等，不符合低碳环保经济的理念，使其在当今大力倡导可持续发展的背景下面临着巨大的挑战，如若其处理不及时会对环境造成污染，并可能会由于耗能高而被逐渐淘汰。

3）湿法提取工艺

湿法提取工艺是采用适当的浸出剂使矿物中的有价金属以离子形态进入溶液，同时使尽可能少的杂质组分溶于浸出液，再经过净化除杂，最后从净液中提取有价金属的方法。湿法提取工艺主要包含浸出、溶剂萃取、反萃、电解沉积等工序，该工艺应用比较广泛，其具有选择性强、能耗低、环境污染小等特点，对低品位复杂矿和冶金废渣处理有较大的优势。

（1）浸出。

目前，根据所用溶剂的不同，浸出主要分为两大类：酸性浸出法和碱性浸出法。

①酸性浸出法。

酸性浸出法是湿法处理技术中应用较广泛的工艺之一，常用的酸有硫酸、硝酸、盐酸等。

刘缘缘等[13]以硫酸-双氧水对低品位炉渣进行浸出，控制浸出时间 60 min、浸出温度 70 ℃、pH=2.5、双氧水用量 150 L/t，得到铜的浸出率可以达到 54.77%，锌的浸出率可以达到 72.33%。

一般来讲，浸出液 pH 越小，浸出率也越高，但 pH 过小会增加浸出液中杂质含量。因此，需要严格控制浸出过程中的 pH，并维持弱酸环境（pH 为 5.0 左右）为浸出反应终点，从而提高锌的浸出率。浸出过程中，不可避免地会出现不同程度的乳化现象，导致固相物溶解度降低，对溶液造成污染。

②碱性浸出法。

近年来，越来越多的冶金工作者关注到碱性体系浸出氧化锌矿。目前，根据所用浸出剂的不同，碱性浸出工艺主要分为氨性浸出和氢氧化钠浸出工艺两类。

氨性浸出是指采用氨(或铵盐)作为浸出剂浸出矿物中有价金属的湿法冶金工艺。浸出过程中,矿物中含锌组分与 NH_3 配位形成锌氨络合物溶液。采用氨性浸出时,绝大部分杂质,如 Fe、Pb、Mn 及碱性脉石均不会溶解浸出溶液,仅少量的 Cu、Cd 可以离子形态进入浸出液,从而减少了后续净化处理的负担,实现了有价金属锌与杂质的分离富集。目前,氨性浸出的常用方法有氨水法、氨-碳酸铵法、氨-硫酸铵法及氨-氯化铵法等。

a. 氨水法。魏国兴等[14]将物料破碎到 150~290 目,与质量分数 15% 的氨水以固液比为 1∶60(或 1∶70),在 70~80 ℃ 的温度下,搅拌强化浸出过程,浸出时间为 30 min,锌窑渣中锌的浸出率可超过 75%,浸出液调整碱度(pH 为 10~12),温度降至 20~30℃ 时则得到 $Zn(OH)_2$ 沉淀或 ZnO 沉淀,经过滤脱水烘干,则可得到纯度为 85% 以上的氧化锌。

b. 氨-碳酸铵法。Schnabel 工艺以锌粉置换除去浸出液中的杂质,随后加入碳酸铵、碳酸氢铵或者通入高压二氧化碳沉积出金属锌。

c. 氨-硫酸铵法。唐谟堂等[15]以株冶集团锌烟尘为原料,利用锌在不同温度的硫酸铵溶液中的溶解度的差别,用氨-硫酸铵为浸出剂对浸出过程进行研究,得到锌浸出率达 85.16%。

d. 氨-氯化铵法。该法可以用来处理菱锌矿、异极矿及锌二次资源等。张保平等[16]也采用该浸出剂浸出氧化锌,锌的浸出率大于 93.88%。本法具有工艺简单、能耗低、污染小、原料适应性广等优点。

由于浓氨水具有很强的挥发性,劳动环境恶劣,因此目前针对氨性浸出矿物中锌的研究和应用均鲜有报道。氨-碳酸铵法具有后续净化负担小、工艺流程简单、浸出效率高、生产成本低等优点,但氨-碳酸铵法不合适生产高纯的金属锌。在查阅文献时发现,研究氨-硫酸铵法对有价金属锌处理的学者不多,其浸出效果不及氨-氯化铵。目前,使用最广泛的是氨-氯化铵浸出体系,其浸出速率比较高。

(2)溶剂萃取。

溶剂萃取是指将含有有价金属离子的水相与有机相(与水相不混溶)进行混合,水相中的有价金属离子与萃取剂分子之间发生离子交换、配位、络合反应等形成萃合物进入有机相中。溶剂萃取技术具有有价金属综合回收利用率高、萃取富集效果好、处理量大、萃取平衡时间短、操作流程简单、生产易实现自动化等优势,是一种高效的浸出液净化、分离、富集技术,因而广泛应用于湿法冶金中浸出液的净化、分离、富集。因此，萃取剂的选择尤为重要，在湿法冶金学中，萃取剂包括以下四类：酸性萃取剂（阳离子交换萃取剂）、碱性萃取剂（阴离子交换萃取剂）、中性萃取剂和螯合萃取剂。

经过文献调研可知，β-二酮类的萃取剂是氨性浸出液中铜、镍、钴、锌等有价金属萃取分离最适宜的萃取剂[17]。这类萃取剂具有萃取平衡时间短、易反萃、电离常数较大、萃合物中随金属离子共同萃取的氨含量低的优势，但目前研究较多的萃取体系为 LIX 系列萃取剂体系，萃取过程中浸出液中 pH 和氨含量在很大程度上制约着浸出液中铜、镍、钴、锌等有价金属的萃取率。朱如龙等[18]以 β-二酮类萃取剂 Mextral54-100（HA）从 Zn（Ⅱ）-NH₄Cl-NH₃ 浸出液中分离、富集锌，考察了萃取剂浓度、浸出液 pH、浸出液中氨含量、萃取温度、氯离子浓度等因素对锌萃取率的影响。研究结果表明，对锌萃取率影响较大的是浸出液的 pH（萃取率在初始 pH 大于 6.81 就会随着降低）和总氨浓度（总氨浓度越高萃取率越低）。

由此可知，最适合从氨性溶液中萃取铜、镍、钴、锌等有价金属的萃取剂是 β-二酮类螯合萃取剂。

4.1.3　机械活化在冶金中的应用

在现有的提取工艺中，"机械活化—氨浸—溶剂萃取—反萃"工艺是处理低品位复杂矿物中铜、钴、镍、锌等有价金属最具应用前景工艺之一，而该工艺成功的关键在于浸出率的提高和浸出液的净化富集[25, 28]。机械活化的本质是机械力对物质结构的影响，不同设备产生的机械力所起的活化效果不同。机械活化可以使矿物粒度分布更加均匀（绝大部分位于 1~100 μm）、使矿物晶格发生畸变、破坏矿物晶格和降低矿物结晶度、增加矿物的活性组分含量，因此可以通过机械活化来强化矿物浸出过程，提高有价成分的浸出率。

TAN 等[29]研究机械活化和氧化-还原处理对攀西钛铁矿精矿盐酸浸出过程的影响，结果表明机械活化和氧化-还原处理均可明显提高钛铁矿精矿中铁、钙和镁的浸出。

中南大学胡慧萍教授等[30, 31]探究了黄铁矿和闪锌矿机械活化前后在不同升温速率条件下的热重（TG）曲线，用 Friedman 法研究了不同类型黄铁矿热解反应的反应级数、活化能等化学反应动力学常数，并探究了不同类型黄铁矿机械活化前后 XRD 衍射结果的差异，研究结果表明机械活化能够促进不同类型黄铁矿的热解。

4.1.4　本课题意义及主要研究内容

4.1.4.1　研究意义

锌金属及其化合物是国民经济、人民日常生活及国防工业、科学技术发展必不可少的重要基础材料，更是增强国家整体实力、维护国家安全的重要战略资源[19]。我国是有色金属生产大国，但人均资源占有量严重不足。目前我国已探明的有色金属矿产资源多为低品位的氧化矿、多金属共生矿等，而且随着高品位传统矿产资源的开发利用，矿物中有价金属含量逐渐降低，开采难度越来越大，导致我国铜、钴、镍、锌等战略有色金属自给率越来越低，对外依存度逐年增加，供需矛盾凸显[20~22]。随着国民经济和国防工业的发展，我国锌等有色金属资源供需矛盾日趋严峻。因此，对难选难冶炼的伴生矿、共生矿、尾矿、废渣等有色金属资源的综合开发利用，实现对铜、钴、镍、锌等有价金属的清洁、高效开采，是我国战略有色冶金提取的必然发展趋势，对国民经济的可持续发展和国防建设具有重要意义[23, 24]。

基于以上的分析，我们立足于解决国内紧缺战略有色金属矿产资源高效利用的难题，服务地方企业，发展地方经济，开发适用于锌窑渣中有价金属锌提取的工艺流程。首先，我们提出采用机械活化对六盘水中联工贸实业有限公司的锌窑渣进行预处理，使矿物颗粒细化、晶格畸变以及表面活性增大，提高矿物反应活性，从而达到提高锌窑渣浸出率和缩短浸出时间的目的，获得机械活化的最佳工艺参数；其次，对机械活化后锌窑渣采用氨浸法进行浸出；最后，我们采用适宜的萃取体系从浸出液中选择性分离、富集有价金属锌，随后采用盐酸作为反萃剂实现对萃取体系中锌的反萃，获得最佳的反萃工艺条件，并对其萃取机理进行初步研究。本章研究将为"机械活化—氨浸—溶剂萃取—反萃"工艺应用于低品位复杂有色金属矿物锌二次资源中锌的综合回收利用提供理论基础，具有重要的科学意义和广阔的应用前景。

4.1.4.2　研究内容

本章以六盘水中联工贸实业有限公司的锌窑渣为原料，对锌窑渣采用"机械活化—氨浸—溶剂萃取—反萃"工艺，获得最佳浸出工艺参数、萃取工艺参数及反萃工艺参数。主要研究内容如下：

①对企业提供的锌窑渣原料进行破碎、筛选，并采用 XRD、XRF、粒度分析仪等表征方法对原料成分、结构进行表征。

②将锌窑渣加入去离子水中，充分搅拌、过滤，回收滤渣，去除锌窑渣中的可溶性盐，达到对锌窑渣的初步净化。

③采用机械活化(行星式球磨机)对初步净化后的锌窑渣进行活化。

④采用适宜的氨性体系对机械活化前、后锌窑渣进行浸出，探讨机械活化前、后浸出性能的差异，获得机械活化后锌窑渣的最佳浸出工艺参数。

⑤采用适宜的萃取体系对机械活化后锌窑渣浸出液中有价金属锌进行选择性分离、富集，获得最佳的萃取工艺条件。

⑥采用盐酸作为反萃剂实现对萃取体系中锌的反萃，获得最佳的反萃工艺条件。

⑦采用斜率法对 Mextral54-100 萃取机理进行研究。

4.2　实验部分

4.2.1　实验原料、实验设备及实验试剂

4.2.1.1　实验原料

如表 4.1 和图 4.1 所示，本章以六盘水中联工贸实业有限公司的锌窑渣为原料，氧化锌、氧化铅含量分别为 14% 和 4.83%，冶炼渣中铅、锌及其他杂质多以氧化物形态存在。

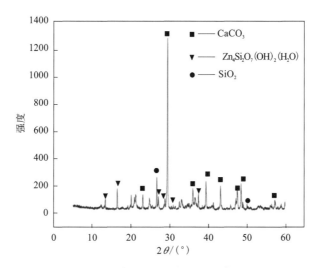

图 4.1　六盘水中联工贸实业有限公司锌窑渣 XRD 图

表 4.1　六盘水中联工贸实业有限公司锌窑渣化学成分（XRF）

化学成分	ZnO	MgO	Al$_2$O$_3$	SiO$_2$	CaO
质量分数/%	14.0	0.0627	2.54	6.61	39.0
化学成分	P$_2$O$_5$	SO$_3$	TiO$_2$	MnO	Fe$_2$O$_3$
质量分数/%	0.0978	2.09	0.439	0.0556	29.9
化学成分	CuO	As$_2$O$_3$	PbO	—	—
质量分数/%	0.17998	0.277	4.83		

4.2.1.2　机械活化锌窑渣样品的制备

将锌窑渣加入去离子水中，充分搅拌、过滤，回收滤渣，去除锌窑渣中的可溶性盐，达到对锌窑渣的初步净化，然后将滤渣于 120℃ 鼓风箱中干燥 5 h。随后将上述初步净化后的样品称取一定量装入机械活化装置［卓的仪器设备（上海）有限公司 PM2L 行星式球磨机］，于球料比为 10∶1、转速为 300 r/min的条件下机械活化 120 min，从而获得机械活化后锌窑渣以备用。

4.2.2　实验分析方法

4.2.2.1　锌窑渣氨浸锌原理

本章以氨-氯化铵为浸出剂对锌窑渣中的有价金属进行浸出，其中有价金属锌和其他部分杂质以离子形态溶解进入浸出液中，而锌窑渣中的 Mn、Al 等杂质氧化物、碱性脉石等不溶解而进入浸出渣中，浸出过程中主要的化学反应式如下：

$$ZnO+mNH_3+H_2O \rightarrow [Zn(NH_3)_m]^{2+}+2OH^-$$

4.2.2.2　实验方法

本章以六盘水中联工贸实业有限公司的锌窑渣为原料，为了提高锌窑渣中锌等有价金属的综合回收利用率，本章采用"机械活化—氨浸—溶剂萃取—反萃"工艺回收金属锌(其工艺流程如图 4.2 所示)。第一步,对企业提供的锌窑渣原料进行破碎、筛选,并采用 XRD、XRF、粒度分析仪等表征方法对原料成分、结构进行表征;第二步,将锌窑渣加入去离子水中,充分搅拌、过滤,回收滤渣,去除锌窑渣中的可溶性盐,达到对锌窑渣的初步净化;第三步,采用机械活化(行星式球磨机)对初步净化后的锌窑渣进行机械活化;第四步,采用适宜的氨性体系对机械活化前、后锌窑渣进行浸出,探讨机械活化前后浸出性能的差异,获得机械活化后锌窑渣的最佳浸出工艺参数;第五步,采用适宜的萃取体系对机械活化后锌窑渣浸出液中有价金属锌进行选择性分离富集,获得最佳的萃取工艺条件;第六步,采用盐酸作为反萃剂实现对萃取体系中锌的反萃,获得最佳的反萃工艺条件,并采用斜率法对 Mextral54-100 萃取机理进行研究。本章中所有涉及锌浓度的测定均采用 EDTA 络合滴定法。[32]

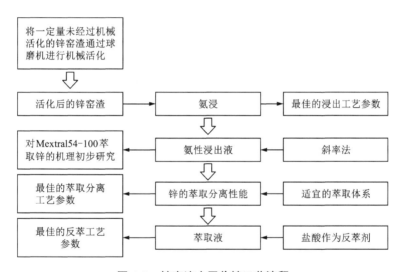

图 4.2　锌窑渣中回收锌工艺流程

4.3 实验结果与讨论

4.3.1 锌窑渣浸出工艺优化

4.3.1.1 矿物粒度对锌窑渣浸出率的影响

称取一定量机械活化后锌窑渣，恒定浸出温度、浸出时间、浸出液固比分别为 50℃、60 min 和 5∶1，量取 30 mL 浸出剂(浸出剂为氨−氯化铵浸出体系并保持总氨浓度为 6 mol/L)，浸出剂初始 pH 为 10，研究矿物粒度对锌浸出率的影响，其实验结果如图 4.3 所示。

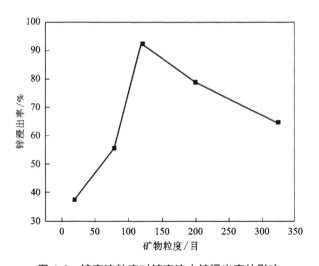

图 4.3 锌窑渣粒度对锌窑渣中锌浸出率的影响

由图 4.3 可以看出，锌窑渣粒度对其中锌的浸出率存在明显的影响，当锌窑渣粒度为 20~120 目时，锌的浸出率随着锌窑渣粒度的增大而增加；当锌窑渣粒度为 120 目时，锌的浸出率超过 92%(92.27%)；而当锌窑渣粒度超过 120 目，继续减小粒度，由于锌窑渣粒度过小，增加了浸出矿浆的黏度，阻碍了浸出剂分子向锌冶炼表面扩散，锌的浸出率反而降低。因此，本章中选择

120 目为最佳的锌窑渣浸出粒度。

4.3.1.2　浸出温度对锌窑渣浸出率的影响

称取一定量机械活化后锌窑渣,恒定矿物粒度、浸出时间、浸出液固比分别为 120 目、60 min 和 5∶1,量取 30 mL 浸出剂(浸出剂为氨-氯化铵浸出体系并保持总氨浓度为 6 mol/L),浸出剂初始 pH 为 10,研究浸出温度对锌浸出率的影响,其实验结果如图 4.4 所示。

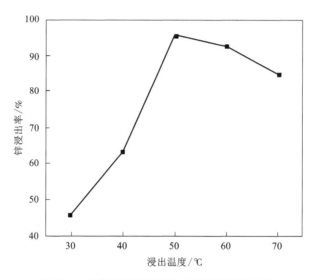

图 4.4　浸出温度对锌窑渣中锌浸出率的影响

由图 4.4 可以看出,在浸出温度为 30~50℃时,锌浸出率随温度的升高而逐渐增大,即升高温度可促进锌的浸出;当浸出温度大于 50℃,由于温度的提高会使氨的挥发性增大,从而使浸出液中的氨气含量降低,继续升高浸出温度,锌的浸出率会有小幅度的降低。因此浸出过程中,浸出温度不宜过高,本章中选择 50℃为最佳的锌窑渣浸出温度。

4.3.1.3　浸出时间对锌窑渣浸出率的影响

称取一定量机械活化后锌窑渣,恒定浸出温度、矿物粒度、浸出液固比分别为 50℃、120 目和 5∶1,量取 30 mL 浸出剂(浸出剂为氨-氯化铵浸出体系并保持总氨浓度为 6 mol/L），浸出剂初始 pH 为 10，研究浸出时间对锌浸出率的影响，其实验结果如图 4.5 所示。

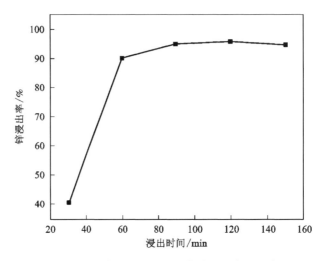

图 4.5　浸出时间对锌窑渣中锌浸出率的影响

由图 4.5 可知，浸出过程中，前 60 min 内，锌窑渣中锌浸出率随着浸出时间的增加呈直线增加；浸出时间超过 60 min，继续增加浸出时间，锌的浸出率有所增加，但增加幅度不大。考虑到生产效率及成本因素，本章选择 60 min 为最佳的锌窑渣浸出时间。

4.3.1.4　液固比对锌窑渣浸出率的影响

称取一定量机械活化后锌窑渣，恒定浸出温度、矿物粒度、浸出时间比分别为 50℃、120 目和 60 min，量取 30 mL 浸出剂（浸出剂为氨–氯化铵浸出体系并保持总氨浓度为 6 mol/L），浸出剂初始 pH 为 10，研究浸出液固比对锌浸出率的影响，其实验结果如图 4.6 所示。

由图 4.6 可知，液固比由 2.5∶1 增加到 5∶1 时，锌窑渣中锌浸出率直线增加，这是由于当液固比例较低时，浸出液矿浆黏度会增大，阻碍了浸出剂分子向锌窑渣表面的扩散；当液固比超过 5∶1，继续增大液固比，锌的浸出率几乎没有增加，反而还有小幅度的降低，这是由于液固比过高导致浸出矿浆稀释；液固比从 5∶1 增加到 7.5∶1 时，锌的浸出率增加不明显，反而会增加后续浸出废水处理的负担。因此，本章选择 5∶1 为最佳的锌窑渣浸出液固比。

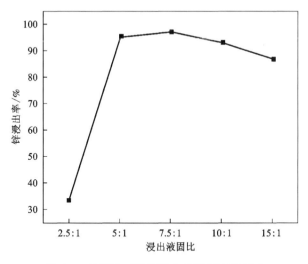

图 4.6　液固比对锌窑渣中锌浸出率的影响

4.3.1.5　总氨浓度对锌窑渣浸出率的影响

称取一定量机械活化后的锌窑渣，恒定浸出温度、矿物粒度、浸出时间、浸出液固比分别为 50℃、120 目、60 min 和 5∶1，量取 30 mL 浸出剂（浸出剂为氨−氯化铵浸出体系），浸出剂初始 pH 为 10，研究浸出剂中总氨浓度对锌窑渣中锌浸出率的影响，其实验结果如图 4.7 所示。

由图 4.7 可知，当浓度为 4~6 mol/L 时，随着总氨浓度的升高，锌的浸出率也会增大；当总氨浓度为 6 mol/L 时，锌的浸出率达到 95.06%，为浸出峰值；但当总氨浓度连续升高时，浸出率会逐渐降低。总氨浓度的升高，促进了锌离子的络合，但可能也会引起其他杂质的络合，使得浸出率下降。因此本章选择 6 mol/L 为最佳的锌窑渣浸出剂总氨浓度。

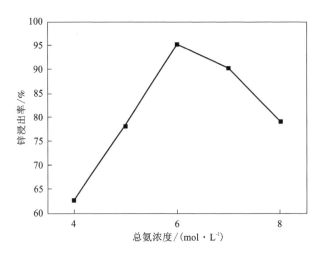

图 4.7　总氨浓度对锌窑渣浸出率的影响

4.3.1.6　pH 对锌窑渣浸出率的影响

称取一定量机械活化后锌窑渣,恒定浸出温度、矿物粒度、浸出时间、浸出液固比分别为50℃、120 目、60 min 和 5∶1,量取 30 mL 浸出剂(浸出剂为氨-氯化铵浸出体系并保持总氨浓度为 6 mol/L),研究浸出液中初始 pH 对锌窑渣中锌浸出率的影响,其实验结果如图 4.8 所示。

由图 4.8 可知,锌浸出率随着浸出剂初始 pH 的增大呈现先增大后减小,当初始 pH 为 10 时,锌窑渣中锌的浸出率达到最大值(95.91%)。这是由于浸出剂氨-氯化铵体系中含有的 OH^-、NH_3、Cl^- 等,Zn^{2+} 可与 OH^- 和 $NH_3(aq)$ 结合,并形成锌氨溶液,从而增加了锌的浸出率。由于 Zn^{2+} 与 OH^- 形成的锌-羟基配合物稳定常数比锌-氨配合物要大,同时,锌-羟基络合物与氯离子易于发生反应,从而形成碱式-氯化锌沉淀,导致已经以离子形态进入浸出液中的锌离子又沉淀了;同时,pH 过高,浸出液中的 Zn^{2+} 还容易形成 $Zn(OH)_2$ 沉淀。因此,当浸出剂中初始 pH 超过 10,锌窑渣中锌浸出率反而下降。故本章选择 pH=10 为最佳的锌窑渣浸出的初始 pH。

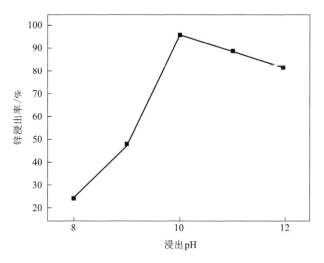

图 4.8　pH 对锌窑渣浸出率的影响

4.3.1.7　锌窑渣机械活化前后最佳工艺条件下浸出率

以浸出剂为氨–氯化铵浸出体系并保持总氨浓度为 6 mol/L，浸出液初始 pH=10，恒定浸出时间、浸出温度、浸出液固比、矿物粒度分别为 60 min、50℃、5∶1 和 120 目，获得锌窑渣机械活化前后在最佳浸出工艺条件下锌的最佳浸出率如表 4.2 所示。

表 4.2　锌窑渣机械活化前后最佳工艺条件下浸出率

实验样品	$V_{滤}$/mL	V_{EDTA}/mL	$c_{Zn^{2+}}$/(mol·L^{-1})	浸出率/%
未活化锌窑渣	560	2.52	0.1633	58.84
机械活化后锌窑渣	561	4.57	0.3030	96.00

4.3.2 萃取工艺条件优化

4.3.2.1 萃取剂质量分数对锌萃取率的影响

以 MextralDT100 作为稀释剂，配制不同浓度的萃取剂 Mextral54-100。萃取剂 Mextral54-100 的质量分数分别为 10%、20%、30%、40%、50%，萃取过程中，恒定水相 pH=7、萃取时间为 40 min、萃取温度为 40℃、相比为 1∶1。水相中锌离子采用 EDTA 滴定分析，然后通过计算得到不同浓度 Mextral54-100 的条件下锌的萃取率(E)如图 4.9 所示。

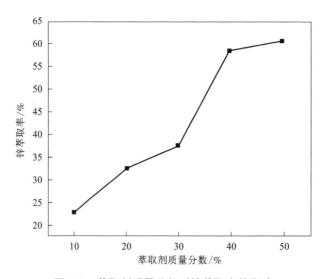

图 4.9　萃取剂质量分数对锌萃取率的影响

由图 4.9 可知，在恒定 pH=7、萃取时间为 40 min、萃取温度为 40℃、相比为 1∶1 时，锌萃取率随着萃取剂浓度升高逐渐增大，在 Mextral54-100 质量分数为 50% 时萃取率最高，虽然在萃取剂质量分数为 40% 以后锌的萃取率随萃取剂质量分数增大仍然有增大趋势，但增大幅度减小，因此我们选择最佳萃取剂浓度为 40%。因为萃取剂质量分数从 40% 增加到 50% 时，锌萃取率变化很小，如果选择最佳萃取剂质量分数为 50%，会增大萃取剂的消耗量，导致成本增大；而且萃取剂质量分数过大，会导致负载有机相的密度、黏度增大，从而导致萃取完成后油水相分离困难。因此，根据实验结果综合考虑，我们选择最佳萃取剂质量分数为 40%。

4.3.2.2　水相初始 pH 对锌萃取率的影响

用水和硫酸调节溶液的 pH，调节水相初始 pH 分别为 6、6.5、7、7.5、8，恒定萃取时间为 40 min、萃取温度为 40℃、相比为 1∶1、萃取剂浓度为 40%，萃余液中锌离子浓度通过 EDTA 滴定，计算得到不同初始水相 pH 条件下的锌萃取率如图 4.10 所示。

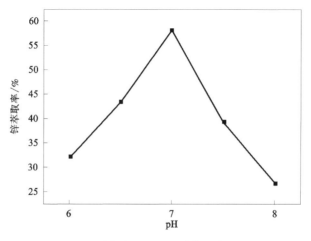

图 4.10　水相初始 pH 对锌萃取率的影响

由图 4.10 可知，在恒定萃取时间为 40 min、萃取温度为 40℃、相比为 1∶1、萃取剂质量分数为 40%时，当 pH<7 时，Mextral54-100 萃取氨性溶液中锌的萃取率随水相初始 pH 升高而增大；当 pH=7 时，锌萃取率达到最大值；当 pH>7 时，锌萃取率反而随着 pH 的升高而降低，这可能是由于 pH 太高，水相中大量存在的 OH^- 与 Zn^{2+} 形成氢氧化锌沉淀，降低了水相中 Zn^{2+} 的活度，从而导致锌萃取率降低。因此，根据实验结果，我们选择最佳的初始水相 pH 为 7。

4.3.2.3　萃取温度对锌萃取率的影响

恒定萃取时间为 40 min、相比为 1∶1、萃取剂浓度 40%、初始水相 pH=7，改变萃取反应温度分别为 20℃、30℃、40℃、50℃、60℃，同理萃余液中锌离子浓度通过 EDTA 滴定，通过计算得到不同萃取温度条件下锌萃取率如图 4.11 所示。

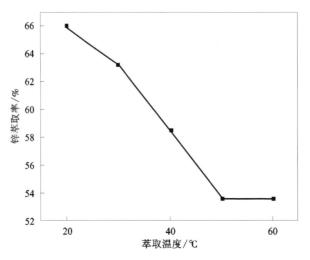

图 4.11　萃取温度对锌萃取率的影响

由图 4.11 可知，恒定萃取时间为 40 min、相比为 1∶1、萃取剂质量分数为 40%、pH＝7 时，随着萃取温度的升高，锌萃取率反而逐渐降低，表明 Mextral54-100 萃取锌是一个放热过程。因此，本章确定 20℃为最佳萃取温度。

4.3.2.4　萃取时间对锌萃取率的影响

恒定萃取剂浓度为 40%、pH＝7、萃取温度为 20℃、相比为 1∶1，改变萃取反应时间分别为 5 min、10 min、20 min、30 min、40 min，同理萃余液中锌离子浓度通过 EDTA 滴定，通过计算得到不同萃取时间条件下锌萃取率如图 4.12 所示。

由图 4.12 可知，恒定萃取剂质量分数为 40%、pH＝7、萃取温度为 20℃、相比为 1∶1 时，锌萃取率整体上随着萃取时间的增大而增大，萃取时间为 40 min 时，锌萃取率达到最大值，但萃取时间过长，导致澄清速率大大降低，不利于工艺生产。而且，萃取时间为 40 min 时的锌萃取率与萃取时间为 10 min 时的锌萃取率相差不大。因此，考虑的生产效率及成本因素，本章选择 10 min 为最佳的萃取时间。

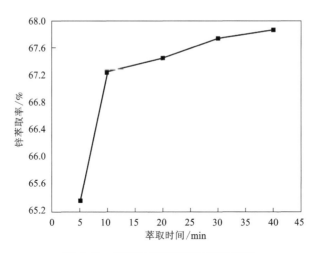

图 4.12　萃取时间对锌萃取率的影响

4.3.2.5　相比对锌萃取率的影响

恒定萃取剂质量分数为 40%、pH = 7、萃取温度为 20℃、萃取时间为 10 min 时，改变不同的相比分别为 1∶3、1∶2、1∶1、2∶1、3∶1，同理萃余液中锌离子浓度通过 EDTA 滴定，通过计算得到不同相比条件下锌萃取率如图 4.13 所示。

由图 4.13 可知，恒定萃取剂质量分数为 40%、pH = 7、萃取温度为 20℃，萃取时间为 10 min 的萃取条件下，锌萃取率随着相比增大而逐渐降低，当相比 A/O = 1∶3 时锌萃取率达到最大值，但与萃取相比为 1∶2 时的锌萃取率对比，升高值很小，综合考虑节约萃取剂成本，因此最佳的相比应该选择 1∶2。

通过对氨性浸出液中锌萃取率与萃取过程中各个因素影响关系的研究，得到了最佳的萃取分离工艺参数，其最佳萃取工艺条件为：萃取剂 Mextral54 - 100 质量分数为 40%、pH = 7、萃取温度为 20℃、萃取时间为 10 min、萃取相比为 1∶2，在此条件下锌的一级萃取率可以达到 74.36%。

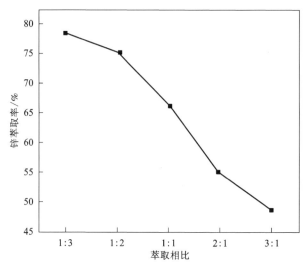

图 4.13　相比对锌萃取率的影响

4.3.3　反萃工艺条件优化

4.3.3.1　盐酸浓度对锌反萃率的影响

恒定反萃温度为 20℃、反萃时间为 10 min、反萃相比为 1∶1，改变反萃剂盐酸的浓度分别为 0.3 mol/L、0.5 mol/L、1.0 mol/L、1.2 mol/L、1.5 mol/L，同理反萃液中的锌离子浓度通过 EDTA 滴定，计算得到不同盐酸浓度条件下的锌反萃率如图 4.14 所示。

由图 4.14 可知，锌反萃率随反萃剂浓度升高，整体呈现上升趋势，在反萃剂盐酸浓度为 1.0 mol/L 时锌反萃率几乎达到最大值，继续增大反萃剂浓度，锌反萃率仍有所提升，但考虑到盐酸浓度过大，会造成设备的腐蚀等，因此根据实验结果选定最佳的反萃剂浓度为 1.0 mol/L。

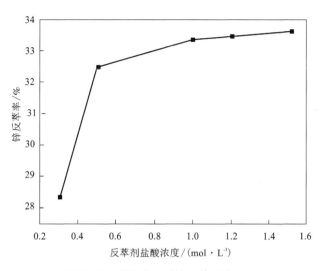

图 4.14　盐酸浓度对锌反萃率的影响

4.3.3.2　反萃时间对锌反萃率的影响

恒定反萃温度为 20℃、反萃盐酸浓度为 1.0 mol/L、反萃相比为 1∶1，改变反萃实验的时间分别为 5 min、10 min、20 min、30 min、40 min，同理反萃液中的锌离子浓度通过 EDTA 滴定，计算得到不同反萃时间条件下的锌反萃率如图 4.15 所示。

由图 4.15 可知，恒定反萃温度为 20℃、反萃剂盐酸浓度为 1.0 mol/L、反萃相比为 1∶1，锌反萃率随着反萃时间的增加呈增大的趋势，锌反萃率在反萃时间为 10 min 时几乎达到最大值，工业上要求反萃平衡时间不超过 10 min（否则会需要很大的澄清池），因此，本章选择 10 min 为最佳的反萃时间。

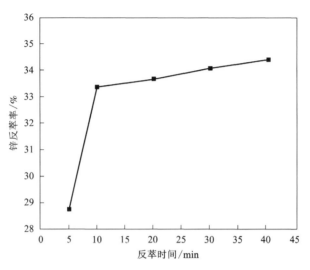

图 4.15 反萃时间对锌反萃率的影响

4.3.3.3 反萃温度对锌反萃率的影响

恒定反萃盐酸浓度为 1.0 mol/L、反萃相比为 1∶1、反萃时间为 10 min，调节反萃反应温度分别为 20℃、30℃、40℃、50℃、60℃，同理反萃液中的锌离子浓度通过 EDTA 滴定，计算得到不同反萃温度条件下锌反萃率如图 4.16 所示。

由图 4.16 可知，恒定反萃剂盐酸浓度为 1.0 mol/L、反萃相比为 1∶1、反萃时间为 10 min 时，锌反萃率随着反萃温度的升高而逐渐降低，表明 Mextral54-100 与 Zn^{2+} 形成负载有机相反萃过程是一个放热过程。因此，根据实验结果选择最佳的萃取温度为 20℃。

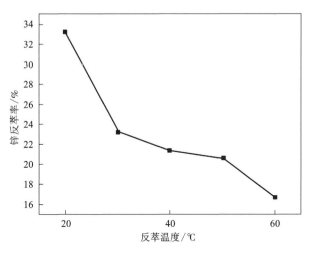

图 4.16　反萃温度对锌反萃率的影响

4.3.3.4　反萃相比对锌反萃率的影响

恒定反萃盐酸浓度为 1.0 mol/L、反萃时间为 10 min、反萃温度为 20℃，调节反萃反应不同的相比分别为 3∶1、2∶1、1∶1、1∶2、1∶3，同理反萃液中的锌离子浓度通过 EDTA 滴定，通过计算得到不同相比条件下锌反萃率如图 4.17 所示。

由图 4.17 可知，恒定反萃盐酸浓度为 1.0 mol/L、反萃时间为 10 min、反萃温度为 20℃，锌反萃率随着相比的增大而逐渐增大，反萃相比为 3∶1 时的反萃率最高。但是，若反萃相比过高，会消耗大量的水相，造成水资源浪费，同时增大了工业废水净化处理负担，因此，综合考虑选择最佳反萃相比为 3∶1。

通过上述实验可以得到最佳反萃条件，实验中得到的最佳反萃工艺条件分别为反萃剂盐酸浓度为 1.0 mol/L、反萃时间为 10 min、反萃温度为 20℃、反萃相比为 3∶1，锌的最佳反萃率可以达到 70.41%。

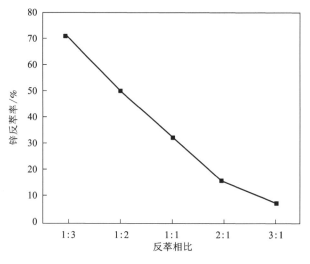

图 4.17　相比对锌反萃率的影响

4.3.4　浸出液中 Mextral54-100 萃取锌的机理研究

两相滴定法、平衡移动法、饱和容量法、斜率法等属于传统的溶剂萃取机理研究方法，其中斜率法根据平衡常数研究萃合物组成，对复杂的萃取体系也具有很强的适应性，因而广泛应用于各种萃取机理的研究。为此，我们对 Mextral54-100 萃取锌的机理采用斜率法进行了初步的研究。

4.3.4.1　初始 pH 对锌萃取分配比的影响

恒定萃取相比为 1∶1，萃取温度、萃取时间分别为 40 ℃ 和 40 min，萃取剂 Mextral54-100(HA) 浓度为 1.634 mol/L 的条件下，研究了锌萃取分配比与萃取剂初始 pH 的关系，相应的实验结果如图 4.18 所示。

由图 4.18 可知，恒定萃取过程中的萃取剂 Mextral54-100(HA) 浓度为 1.634 mol/L，改变萃取过程中萃取剂初始水相 pH，以萃取分配比的对数 (lg D) 对萃取水相初始 pH 作图，进行线性拟合，所得直线的斜率为 0.09522，近似为萃取形成萃合物时，萃取剂中没有质子离解，即萃取过程是螯合配位萃取，而非阳离子交换萃取。

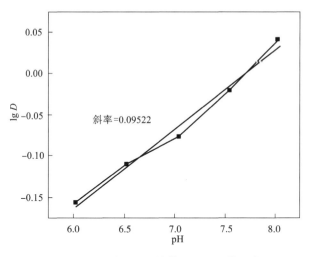

图 4.18　初始 pH 对锌萃取分配比的影响

4.3.4.2　萃取剂浓度对锌萃取分配比的影响

恒定萃取相比为 1∶1，萃取温度和萃取时间分别为 40℃和 40 min，水相 pH 为 7.00 的条件下，研究锌萃取分配比与萃取剂浓度的关系，相应的实验结果如图 4.19 所示。

由图 4.19 可知，恒定萃取过程中的 pH 为 7.00，改变萃取过程中萃取剂 Mextral54-100(HA)的浓度，以萃取分配比的对数($\lg D$)对萃取剂的浓度的对数($\lg[\text{HA}]$)作图，进行线性拟合，所得直线的斜率为 1.06021，近似为 1。即认为萃取形成的萃合物中，1 mol 锌离子与 1 mol 萃取剂分子结合。同时萃取过程中形成的萃合物必须是电中性的，因此可能含有 2 mol 的氯离子参与反应。另外，锌离子的配位数未达到饱和，萃合物中还可能存在水分子。因此，Mextral54-100 萃取锌形成的萃合物组成可能为 $[\text{Zn}(\text{HA})(\text{H}_2\text{O})_n]\text{Cl}_2$（其中 n 为 1~2）。

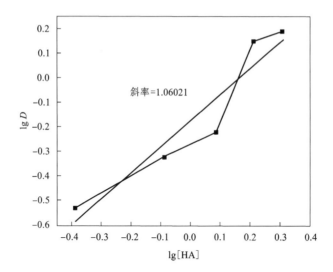

图 4.19　萃取剂浓度对锌萃取分配比的影响

4.4　本章小结

本章采用"机械活化—氨浸—溶剂萃取—反萃"工艺应用于锌窑渣中锌的综合回收利用,对活化后锌窑渣浸出工艺、萃取工艺和反萃工艺浸出优化,并初步探究了其萃取机理。该工艺中浸出工艺采用氨-氯化铵为浸出体系,萃取采用 Mextral54-100 作为萃取剂。实验结果如下。

①通过单一变量法研究,获得了锌窑渣中锌的最佳浸出工艺条件,最佳的浸出时间、浸出温度、液固比、总氨浓度和初始浸出剂 pH 分别为 60 min、50℃、5：1、6 mol/L 和 pH＝10.00。在最佳浸出工艺条件下,机械活化后锌窑渣中锌的浸出率可达到 96%,而未净化的锌冶炼中锌的渣最佳浸出率仅为58.84%。

②最佳的萃取工艺参数为萃取剂 Mextral54-100 质量分数 40%、pH＝7、萃取温度 20℃、萃取时间 10 min、相比为 1：2,最佳萃取率可以达到 74.36%;

③最佳反萃工艺参数为反萃剂盐酸浓度 1.0 mol/L、反萃时间为 10 min、反萃温度 20℃、反萃相比 3：1,最佳反萃率可以达到 70.41%。

④通过对 Mextral54-100 萃取锌的机理采用斜率法进行初步探究,结果表明,浸出液中 Mextral54-100 萃取锌的过程是螯合配位萃取,而非阳离子交换萃取,萃合物组成可能为 $[Zn(HA)(H_2O)_n]Cl_2$(其中 n 为 1~2)。

参考文献

[1] 李静,牛皓,彭金辉,等.锌窑渣综合回收利用研究现状与展望[J].矿产综合利用,2008(6)：44-48.

[2] 李硕,邵延海,何浩,等.锌窑渣中有价金属综合回收研究现状与展望[J].矿产保护与利用,2019,39(1)：138-143.

[3] 肖鹏.锌窑渣选冶联合综合回收有价金属工艺研究[D].昆明：昆明理工大学,2018.

[4] 杨淑霞.韩国温山锌冶炼厂利用奥斯麦特技术处理锌渣情况介绍[J].有色冶金设计与研究,2001,22(1)：18-24.

[5] 傅作健.湿法炼锌挥发窑渣处理方法的讨论[J].有色金属(冶炼部分),1988(1)：

41-46.

[6] 谢大元.锌挥发窑渣选银试验研究[D].长沙:中南大学,2004.

[7] 陈鸽翔.锌窑渣处理工艺实践[J].科技创新导报,2010,7(23):56.

[8] 刘霞.某锌窑渣回收银、碳选矿试验研究[J].湖南有色金属,2015,31(1):16-19.

[9] 李静,牛皓,彭金辉,等.锌窑渣综合回收利用研究现状及展望[J].矿产综合利用:2008,000(6):44-48.

[10] 刘志宏,文剑,李玉虎,等.熔融氯化挥发工艺处理凡口窑渣综合回收有价金属的研究[J].有色金属(冶炼部分),2005(3):14-15,19.

[11] 周洪武,徐子平.熔池熔炼法从锌窑渣中回收银[J].有色金属(冶炼部分),1991(6):18-20.

[12] 王辉.湿法炼锌工业挥发窑窑渣资源化综合循环利用[J].中国有色冶金,2007,36(6):46-50.

[13] 刘缘缘,黄自力,秦庆伟.酸浸-萃取法从炉渣中回收铜、锌的研究[J].矿冶工程,2012,32(2):76-79.

[14] 魏国兴,尚殿辉.采用氨浸法从含锌废渣中提取高纯度氧化锌[J].环境科技(辽宁),1994(5):48-50.

[15] 唐谟堂,张鹏,何静,等.Zn(Ⅱ)-(NH$_4$)$_2$SO$_4$-H$_2$O 体系浸出锌烟尘[J].中南大学学报(自然科学版),2007,38(5):867-872.

[16] 张保平,唐谟堂.NH$_4$Cl-NH$_3$-H$_2$O 体系浸出氧化锌矿[J].中南工业大学学报(自然科学版),2001,32(5):483-486.

[17] ALGUACIL F J, ALONSO M. The effect of ammonium sulphate and ammonia on the liquid-liquid extraction of zinc using LIX 54[J]. Hydrometallurgy, 1999, 53(2):203-209.

[18] 朱如龙,李兴彬,魏昶,等.采用 Mextral54-100 从 Zn(Ⅱ)-NH$_4$Cl-NH$_3$ 配合物溶液中萃取锌[J].中国有色金属学报,2015,25(4):1056-1062.

[19] 黄伯云.我国有色金属材料现状及发展战略[J].中国有色金属学报,2004,14(S1):122-127.

[20] 林如海.中国有色金属矿物资源开发现状及展望[J].中国金属通报,2006(35):2-7.

[21] 文世澄.中国矿产资源特点与前景[J].中国矿业,1996,5(4):5-10.

[22] 崔荣国,刘树臣,郭娟,等.2012 年中国矿产资源形势的基本特点[J].中国矿业,2013,22(1):1-4.

[23] 孟令刚,孙忠强.矿产资源开发与可持续发展[J].现代矿业,2010,26(10):10-12.

[24] 徐晓春,陈友存,陈天虎,等.论矿产资源保护、开发利用与可持续发展[J].合肥工业大学学报(社会科学版),2000,14(2):36-40.

［25］SENIOR G D, THOMAS S A. Development and implementation of a new flowsheet for the flotation of a low grade nickel ore［J］. International Journal of Mineral Processing, 2005, 78(1): 49-61.

［26］DOMINIQUE K. The Separation of cobalt from copper-cobalt ore leach solution using solvent extraction［D］. Johannesburg: University of Witwatersrand, 2015.

［27］NORGATE T, JAHANSHAHI S. Low grade ores - smelt, leach or concentrate.［J］. Minerals Engineering, 2010, 23(2): 65-73.

［28］SOTO P, ACOSTA M, TAPIA P, et al. From mesophilic to moderate thermophilic populations in an industrial heap bioleaching process［J］. Advanced Materials Research, 2013, 825: 376-379.

［29］TAN P, HU H P, ZHANG L. Effects of mechanical activation and oxidation-reduction on hydrochloric acid leaching of Panxi ilmenite concentration ［J］. Transactions of Nonferrous Metals Society of China, 2011, 21(6): 1414-1421.

［30］胡慧萍, 陈启元, 尹周澜, 等. 机械活化黄铁矿的热分解动力学［J］. 中国有色金属学报, 2002, 12(3): 611-614.

［31］胡慧萍, 陈启元, 尹周澜, 等. 未活化与机械活化闪锌矿的氧化行为［J］. 中国有色金属学报, 2003, 13(2): 517-521.

［32］武汉大学. 分析化学实验: 上册［M］. 5 版. 北京: 高等教育出版社, 2011: 123-125.

图书在版编目（CIP）数据

机械活化在强化有色金属钛、锌提取中的应用研究 /
朱山著. —长沙：中南大学出版社，2022.8
ISBN 978-7-5487-4962-2

Ⅰ. ①机… Ⅱ. ①朱… Ⅲ. ①机械—活化—应用—金
属提取—研究 Ⅳ. ①TF8

中国版本图书馆 CIP 数据核字（2022）第 116585 号

机械活化在强化有色金属钛、锌提取中的应用研究
JIXIE HUOHUA ZAI QIANGHUA YOUSE JINSHU TAI、XIN TIQU ZHONG DE YINGYONG YANJIU

朱山　著

□出 版 人　吴湘华
□责任编辑　刘锦伟
□责任印制　唐　曦
□出版发行　中南大学出版社

　　　　　　社址：长沙市麓山南路　　　　邮编：410083
　　　　　　发行科电话：0731-88876770　　传真：0731-88710482

□印　　装　长沙创峰印务有限公司

□开　　本　710 mm×1000 mm 1/16　□印张 9.25　□字数 154 千字
□版　　次　2022 年 8 月第 1 版　　　□印次 2022 年 8 月第 1 次印刷
□书　　号　ISBN 978-7-5487-4962-2
□定　　价　56.00 元